クラシックカー屋一代記

金

Kar

a pilot of wisdom

目次

図版レイアウト／MOTHER

はじめに

　数年前まで日本のBSテレビでも深夜に放映されていた、イギリスBBC放送の自動車バラエティ番組『Top Gear』は、月刊の自動車雑誌も発行している。雑誌は世界30か国で翻訳・発行されており、イギリス本国版の翻訳記事と、各国での独自制作の記事を組み合わせて編集されている。

　僕は2015年から香港《ホンコン》版と中国版に「Japanese Modern Classic Car Owners」と題した連載を始め、2016年から、その記事は台湾版にも掲載されるようになった。これは日本のモダンクラシックカー・オーナーを取材した記事だ。「モダンクラシックカー」というのは便宜的な呼び方で、あまり古臭くなり過ぎていないクルマというくらいの意味。戦前型よりも戦後型の方が読者に親しみを持ってもらえるだろうけれども、有名なクルマや独自性の高いクルマならば、戦前型でも記事化をためらうつもりはない。

「今ではどんなクルマでも、画像もスペックも解説も、インターネットで検索すれば簡単に見ることができる。でも、持ち主がそのクルマをどのような経緯で入手し、どんな想《おも》いを抱きながら乗っているかは、記者が取材した記事でないとわからない」

と、両誌の編集発行人を務めているエドモンド・ラウさんは言う。つまり、クルマそのものではなく、あくまでも持ち主とクルマの関係の独自性と普遍性を読者に提供したい、ということだ。

彼は１９８０年代から香港で雑誌編集のキャリアをスタートさせ、後に中国本土や台湾でも、それぞれの『Top Gear』を創刊し成功を収めてきた。自動車メーカーからも一目置かれており、世界中を飛び回っている。日本にもよく来ていて、各メーカーの事情にも詳しく、その論評も的確で説得力を持っていた。そして僕も、ラウさんの問題意識に全面的に賛同し、連載が始まった。

「中国はまだこれからだけれども、香港や台湾にはクルマを楽しむカルチャーが熟成されている。日本には、もっと幅広く色濃い自動車カルチャーがあるのではないか？　その人たちの記事が読みたい」

ラウさんと意気投合したのが2014年8月。場所は、中国の仏教遺跡都市である敦煌《とんこう》。マクラーレン・チャイナが実施したシルクロード走破イベントで一緒になった時だった。

意気投合した後はメールで連絡を取り合い、僕は記事になりそうなモダンクラシックカーの持ち主を探し、コンタクトを取って候補者リストを作成して、ラウさんに送った。候補者についての質問が寄せられ、それについて画像を添付して答えるやり取りを続け、候補者リストを完成させた。その候補者リストの中に、この本の主人公であるワクイミュージアムの涌井清春さんが入っていたのである。

クラシックカーを自分好みに誂《あつら》える

もちろん、候補者に挙げたのは僕だった。涌井さんとは数年前のクラシックカーイベントで知人から紹介され、数人で立ち話をしたくらいの面識しか持っていなかったが、ワクイミュージアムについては知っていた。「くるま道楽」というロールスロイスとベントレー専門の中古車店を経営していた涌井さんが、そのかたわらで個人的に収集していた逸品を公開したプライベートミュージアムだ。訪れたことはなかったが、開館時には自動車メディアを中心にあちこちで紹介されていたため知っていた。

プライベートミュージアムには、ロールスロイスとベントレーの代表的なモデルが十数台展示され、両者の歴史を俯瞰《ふかん》できるよう構成されていた。展示車はどれも稀少《きしょう》なものだったが、中でも１９２８年のル・マン24時間レースに優勝したワークスカー、通称「オールド・マザー・ガン」は白眉だった。

涌井さんは日本人に縁の深いクルマの収集には使命感のようなものさえ抱いており、吉田茂元首相の補佐役として知られている白洲《しらす》次郎が戦前のイギリス留学時代に乗っていたベントレーや、吉田茂が戦後の日本で乗っていたロールスロイスなども収蔵していた。

クラシックカーを販売する会社の経営者と、クラシックカー愛好家という二つの顔を持っていたが、集めたクラシックカーを一人で眺めている愛好家ではなく、積極的にイベントに参加し、それらを走らせていた。もちろん、そこには宣伝の意味合いも含まれているのだが、経営者と愛好家を両立させている印象を僕は涌井さんに抱いていた。

クラシックカーやマニアックな輸入車を販売する店の経営者の中には、自分は前面に現れず、存在感を消そうとするタイプの者も少なくないが、涌井さんは正反対だった。

涌井さんにはラウさんも興味津々のようで、「中古車販売業者が長じてプライベートミュージアムを作るまでになった経緯とその想いを知りたいし、収蔵されているクルマも見てみたい。それもロールスロイスとベントレーともなれば、戦後型よりもむしろ戦前型にこそ偉大な歴史が宿っているわけで、勉強させてもらうつもりで取材して記事にしてくれないか」と返信メールが来た。ラウさんは昔のクルマにも詳しいので、やはりロールスロイスとベントレーともなれば別格なのだろう。

涌井さんに電話をして取材を申し込んだ。趣旨を説明し快諾され、取材日にカメラマンの田丸瑞穂さんを伴って、埼玉県加須《かぞ》市のワクイミュージアムを訪れた。巨大な倉庫や配送センターが並ぶ一角に、ミュージアム、販売する中古車展示場（ヘリテージ）、工場（ファクトリー）などが分散していた。

ミュージアムのテーブルにつき、趣旨をもう一度話して、取材を始めるつもりだった。こちらとしては、たくさんあるクルマの中から、ミュージアムを代表するような稀少で、自動車史上で重要な意味合いを持つものを重点的に撮影させてもらいたかった。収蔵車の中では、1947年の「ロールスロイス・シルバーレイス」や、1954年の「ベントレー・Rタイプ・コンチネンタル」が、それにふさわしいのではないかと考えていた。

ところが、涌井さんから返ってきた答えは予想もしていないものだった。

「おっしゃる通り、その2台だったら誰からも異論はないでしょう。香港や台湾の専門家が見ても異論はないはずです」

映画『用心棒』で主役を演じた時の三船敏郎のようなアゴヒゲを撫《な》でながら、涌井さんは表情を和らげた。

「2台でもいいんですけど、こちらではどうでしょう?」

別のクルマがよいのだろうか!?

「ロールスロイスの『シルバーシャドウ』というクルマです。ウチは最近〝ビスポーク〟というプロジェクトを始めまして、そのベース車両となるのがシルバーシャドウなんです。シルバーシャドウを取り上げていただけませんでしょうか?」

実際には、もっと丁寧な話し方だったかもしれない。僕から申し出た2台ではなく、シルバーシャドウを記事の中心に据えてはどうだろうか?という提案だ。

「シルバーシャドウですか!?」

シルバーシャドウなんて生産台数も多いから珍しくないし、最近のもの過ぎてモダンクラシックだなんて呼べない。ロールスロイスは品質が高いがゆえに長く乗り続けられることが多いから、１９４７年のシルバーレイスや１９５４年のＲタイプ・コンチネンタルなどに較《くら》べたら、見劣りも甚だしい。

でも、目の前の涌井さんは〝いいですよね？〟と言わんばかりに微笑《ほほえ》んでいる。どうしようか？

「コンディションのよいシルバーシャドウが、日本だけでなく世界中でまだまだ現役で走っているんです。シルバーシャドウは、エアコンとディスクブレーキが標準装備された初めてのロールスロイスだから、現代の交通環境下でも不安なく普通に乗れるんですよ」

なるほど、上手《うま》いところに目を付けたものだ。涌井さんの工場できちんと整備を受けたシルバーシャドウならば、日常の移動手段としても乗ることができる。ちょっと古めのロールスロイスを〝足〟として乗るなんてカッコいいではないか。僕も余裕があったら１台仕立ててみたいくらいだ。

「それだけではなく、世界に１台、あなただけのシルバーシャドウを〝誂える〟ことができるのです。クラシックカーの新しい楽しみ方として、これから力を入れていこうと考えています」

涌井さんはこれまでの顧客を満足させ続けながら、その一方で新しい展開を図っていかなければならないと強調していた。

「この商売を30年続けてきて、おかげさまで〝ロールスロイスとベントレーのクラシックカーならワクイミュージアム〟と評価をもらえるようになりました。でも、次の段階に進むためには、新しいお客さんや、最近増えている海外からのお客さんたちに、もっと積極的に対応していかなければなりません」

歴史的に稀少なクラシックカーを、ただただ恭しく販売しているだけでは先がない。何か新しいビジネスを考え出さなければならないと生み出されたのが、このビスポーク・プロジェクトだというのだ。

ビスポーク・プロジェクトとは、中古車として流通しているロールスロイス・シルバーシャドウもしくはベントレー・Tを〝仕立て直して販売する〟というもの。修繕した中古車を単に販売するのではなく、修繕する前の段階から顧客と涌井さんが話し合いながら、好みの仕様に造り上げていく。走るための機能を新車並みに回復させた上で、ボディカラーや内装、装備品などを選び、場合によっては新たに造り上げて組み込んでいく。涌井さんと語らいながら、どんなクルマに仕立て上げていくかというプロセスそのものが楽しみとなっている。

オリジナル至上主義の最たるものであるクラシックカー、それもロールスロイスとベントレーを自分好みに改造して、実用の足として乗り回そうというのだ。クラシックカーの世界での常識を大きく上書きしている。画期的ではないか！

記事にするなら、そっちの方がはるかに面白くなりそうだ。誰もが仰ぎ見る、いわゆる〝名車〟と呼ばれるクラシックカーを、そのまま紹介したって意味がない。

僕が想定していたシルバーレイスやRタイプ・コンチネンタルなどよりも、涌井さんの新しい取り組みを伝える方がいい。それがラウさんの要請に応えることにもなる。

ミュージアムの芝生の上に1台のシルバーシャドウを置いて撮影し、それを前にしてインタビューを進めた。ミュージアムを作った経緯やクラシックのロールスロイスとベントレーに寄せる涌井さんの想いを聞くことから始まり、今後のことにまで話は広がった。取材は上手く運んだ。得てして、取材は想定外の事態に転がっていった方が面白くなる。その典型のようなものだった。

自分ならロールスロイスをこう変える!

香港版、中国版、台湾版それぞれの『Top Gear』が完成し、僕のもとに送られてきたのは2か月後のことだ。揃《そろ》った3冊を涌井さんに送ったら、記事をたいそう気に入ってくれた。工場と本社に置いて、お得意さんにも渡したいから追加で10冊ずつ購入したいと、すぐに電話がかかってきた。ラウさんにメールしたら、「日本から買うのは面倒臭く、とても高くつく」からと、すぐに厚意で送ってくれた。

国際貨物で雑誌が届き、早速、東京の本社に持参した。それならばと、江戸時代から続いている近所の鰻屋《うなぎや》から美味《おい》しい鰻重を出前で取ってくれ、それをいただきながら話をした。

「ビスポーク・プロジェクトでは、工場のスタッフと話し合いながら、どんな願いも実現してもらえるのですよね?」

買えるわけでもないのに、僕は取材から帰ってからも、ビスポーク・プロジェクトが気になって仕方がなかった。

「そうですよ。たいがいのことなら、希望通りに行いますよ」

中古車のシルバーシャドウを新車だった状態に修復して戻すのは、単なるレストアだ。注文も「新車の状態に戻して」で終わる。それじゃツマラない。でも、涌井さんがやろうとしているビスポーク・プロジェクトは違う。それを確かめたくなったのだ。

僕だったらまず、ボディカラーをシルバーシャドウに設定されていなかった色に塗りたい。マット調のブルーグレーやカーキなんかだったら、今っぽくてよい。ロールスロイスは存在自体が目立っているから、ボディカラーは極力目立たない色がいい。雑然としている東京の街に溶け込むような色だ。

「ロールスロイスの標準色じゃない色を注文するお客さんもいますよ」

それとはまったく正反対のカモフラージュ柄とかも面白いかもしれない。1960年代にザ・ビートルズのメンバーが、ロールスロイスのリムジン「ファンタム」を、当時に流行していたサイケデリック柄に塗らせて顰蹙《ひんしゅく》を買っていたという記事を読んだことがあるけれども、２０２０年代に中古のシルバーシャドウをカモフラージュ柄に塗り直したって、もう顰蹙なんて買わない。それは男が髪を伸ばしたり、ライブ会場で大声で叫んだりしても咎《とが》められなくなったのと同じことだ。クルマに〝権威〟なんか求めてどうする？

だから今のロールスロイスは、昔では考えられなかったようなボディカラーや内装、エクステリアデザインを次々と身に纏《まと》ってきているではないか。ロールスロイス自身が重苦しい〝権威〟の鎧《よろい》を脱ぎ捨てようとしている。クルマが〝権威〟を表していた時代は、もうとっくに過ぎ去ったのだ。

内装は明るくいきたい。オリジナルのシルバーシャドウは20世紀に造られていたから、クラシカルで重厚なビクトリア調だった。重々しく暗い感じが多かったように憶《おぼ》えている。だから僕が仕立てるとしたら、色調はボディカラーにトーンを合わせた明るめのグレーやベージュ、カーキか。ブルーもいいかもしれない。

可能ならば、シルバーシャドウが現役だった頃には存在していなかった最新のインフォテインメント・モニターシステムを組み込みたい。ＳＩＭカードスロットを設けてカードを挿入できて、常時インターネットに接続する。ふだんは自宅のＰＣやiPhoneで聴いているSpotifyの音楽アプリや、Google Mapsなどの地図アプリも入れ、大型モニターパネルを設置して、操作は音声入力で行う。便利で、移動時間を有効に使える。

大規模改修になってしまうが、ACC（アダプティブクルーズコントロール）やLKAS（レーンキープアシストシステム）などの運転支援デバイスも組み込みたいところだ。

20世紀はじめのヨーロッパと自動車

ビスポークbespokeは〝be spoken〟（語られたもの）から転じたものだから、言葉の意味からしても、涌井さんといろいろ語らいながら、自分の仕様を決定していくことになる。それが〝誂える〟ということで、これはオーダーメイドやカスタムメイドなどとは異なった意味合いを持っていると、東京・青山でテーラー「LOUD GARDEN」を営む岡田亮二さんに教えてもらったことがある。

「言葉の使い方はいろいろとあると思いますが、少なくともファッションの世界でビスポークとは、特別の意味を持っています」

既製品の色や素材を変えただけの簡単なものでも、パターンオーダーやセミオーダーなどと呼ぶが、ゼロから顧客とテーラーが語り合って作り上げていくのがビスポークだという。例えば、二つか三つが一般的なスーツのフロントボタンを五つにしてみるとか、パンツの裾を昔懐かしいパンタロンスタイルにしてみるとか、だ。

顧客の思いついたアイデアや願望をテーラーに話し、それを聞いたテーラーはその通りに進めることもあれば、もっといい解決策を提示することもある。言葉のやり取りがあって、コミュニケーションの末に生まれ出るのがビスポークスーツだと、岡田さんは語っていた。すでにあるものをモディファイするのと、何もないところから会話によって生み出されるものの違いは大きい。

「お客さんのどんな望みにも応えられなければならないし、そう構えることができるのがウチの強みですからね」

という涌井さんの言葉を饅重を食べながら聞き、僕の妄想は続いた。

シートの素材も吟味したい。普通の自動車用レザーは選ばない。動物保護の観点から、人工皮革で構わない。東レのエクセーヌのような、見た目もタッチも耐久性も天然物と比べても遜色のないものがあるのだから、必ずそちらを使いたい。

革でなく、布地でだって構わない。戦前の高級車は運転席が革で、後席は布地のものが多かった。
「革はヒンヤリ冷たいし、昔の革は硬かったから、布地の柔らかさと温かさが求められていました。じゃあ、なぜ、運転席だけが革だったかというと、運転手が乗り降りして主人の乗る後席のドアを開け閉めするから、耐久性が求められていたんですね。革シートが高級という風潮は、戦後もずいぶん経《た》ってからのことなんです」（涌井さん）
２０１４年春からNHK総合テレビで放映されていたイギリスの歴史ドラマ『ダウントン・アビー　華麗なる英国貴族の館』は、優れた脚本に完璧な時代考証で数々の賞を受賞した。貴族と、その館に仕える使用人たちの人間ドラマ、そして歴史に翻弄される姿が群像劇として好評で、シーズン６までの全52話が放映された。とても面白かったので、僕は予約録画して全話を観《み》ていた。ドラマとして面白いことと併せて目が離せなかったのは、貴族の交通手段の移り変わりだった。
１９１２年から１９２５年にかけてのイギリス・ヨークシャーの架空の貴族の館「ダウントン・アビー」が舞台に設定されていて、当時の世界情勢や生活様式の変化なども丹念に描写されている。中でも、13年の間に、館の貴族たちの乗り物が馬車から自動車に移り変わっていく様子が、これ見よがしでなく的確に描かれている。貴族の一人が運転中に事故を起こして死亡したり、女性がレーシングドライバーと結婚したりもする。

そうした中で、運転手が館の玄関にクルマを差し回し、貴族が乗り込むシーンがあった。運転席のドアを開けて降りてきた運転手が後席のドアを開けると、前後の革シートと布シートが同時に映る。もちろん、脚本家や監督はそれをテーマとして設定していないのだが、数秒間、連続してカメラをパンさせることによって、前後シートの違いを丁寧に描いていた。

「あれは、いいドラマだったたね」

そうか、涌井さんも観ていたのか。

「私は、どうしても登場するクルマに注目して観てしまっていたけど、時代考証は完璧だった」

ドラマで特定の時代を描こうとすると、建物や登場人物たちの着るもの、食べるものなど、文字通り衣食住の描写が欠かせなくなってくる。正確な描写が説得力を生むからだ。

でも、そこにもう一つ、クルマが欠かせないことを、あのドラマは示していた。つまり、それだけイギリスやヨーロッパの人々にとって、クルマというものが深く根づいていることを示していたのだ。日本の映画やドラマで、ここまで的確に史実としてクルマを扱おうという意志を感じ取れるものがあるだろうか。

世界に1台だけのクルマを造る

何かの幸運に恵まれて、僕が涌井さんのビスポーク・プロジェクトを1台注文することができたとしたら、ぜひともそのプロセスを楽しみながら仕立ててみたい。ロールスロイスとベントレーのクラシックモデルについて日本で一番詳しい涌井さんの知恵やアイデアなどを拝借しながら、世界に1台だけのシルバーシャドウができ上がっていく。完成したクルマに乗るのも楽しみだけれども、仕立て上げていくプロセスも、また知的な刺激で満たされることだろう。

「今まで、たくさんの取材を受けてきたけど、カネコさんはなんか違うね」

「違いますか!?　どう違うんですか？」

「他の人が聞くようなことは聞かない代わりに、他の人が聞かないようなことを聞くね」

具体的にどんな質問なのか、それ以上訊《たず》ねることはしなかったけれども、たしかにそうかもしれない。ミュージアムでも、クラシック・ロールスロイスやベントレーなどの細かなスペックや来歴などよりも、もっと広い範囲の話を聞くようにしていたからだ。

「喋《しゃべ》り過ぎて、失礼しました」

「いや、ビスポーク・プロジェクトは、まさにカネコさんのような人に買ってもらいたいんですよ」

饅重を食べ終わっても、話は続いた。

「ちょっと待って」

涌井さんはノートを取り出すと、僕の話の要点を、メモを取りながら聞き始めた。

「じゃ、カネコさん。こうした場合は、どう考えたらいいかな?」

ビスポークとはまた別に進行しているプロジェクトについて、意見を求められた。簡単にその場で答えられるものではなかったため、持ち帰って調べることにした。その回答を電話で済ませた。

「来週の水曜日に、また鰻を一緒に食べませんか？」

そうして、涌井さんのところへ通うことが始まった。

涌井さんからの相談に答えながら、僕からも質問を重ねた。ロールスロイスとベントレーについて、クラシックカービジネスについて、クラシックカーの楽しみについて、涌井さんの半生についてなど、話題は尽きなかった。

面白いエピソードをたくさん聞いた。エピソードが面白かったのは、すべて〝誰か〟に関わる話だったからだ。顧客やコレクター、国内外の同業者、パートナーたち、スタッフなどと、ロールスロイスやベントレーを媒介として涌井さんがやり取りした体験談だった。人にまつわる話だから感情移入しやすかった。

また、クラシックカーは新車と違って、コンディションや来歴などがすべて異なっているから、1台ずつに個別の物語が宿っていた。感嘆してしまう物語もあれば、笑ってしまう物語もあり、悲しくなる物語もあった。

クルマはメカニズムの塊だけれども、メカニズムそのものに終始しなくても、ロールスロイスやベントレーの真髄を教えてもらえたのは意外でありながら大いに納得することもできた。

涌井さんもメモを取り、僕もメモを取る。鰻重が時々、幕の内弁当やサンドイッチに変わることがあっても、このスタイルはずっと変わらなかった。涌井さんはメモをたくさん取る人なのだ。

まずは、ロールスロイスというクルマのどんなところに魅せられたのか？

そして、なぜ、魅せられただけでなく、販売し、自分でも集めるようになっていったのか？　涌井さんのビジネスとコレクションの始まりから話を聞いていった。

そもそも、ロールスロイスとはどんなクルマなのか？　ロールスロイスは「世界最高のクルマ」と呼ばれている。広告の中でそう自称していたこともあった。いったい何が〝世界最高〟なのか？　最も速いわけでも、最も高価なわけでもないし、ロールスロイスのライバルはたくさん存在していたが、ロールスロイスだけ途絶えることなく生き残れたのはなぜなのか？

クルマに関心のない人でも、ロールスロイスという名前ぐらいはみんな知っている。でも、どんなクルマかと言われると、ひと言で説明するのは難しい。本書では、涌井さんに自身のクラシックカービジネスとコレクションについて訊ねることを通じて、ロールスロイスが100年以上にわたって、その名声を保ち続けることができた理由を探っていきたい。

また、クラシックカーについて考えを巡らせるということは、変革期を迎えている現在の自動車のあり方とその未来を予想する上でも大いに関係している。クラシックカーは濃い排ガスも出すし、大きな音もいろいろと出す。シートベルトなどの安全装備すら付いていない。現代のクルマの基準には、とても当てはまらない存在だ。でも、それで埋没してしまうのではなく、反対に輝きを増しているように見える。その理由がどこにあるかも考えていきたい。

第1章　バーゼルのロールスロイス

最高級の代名詞「ロールスロイス」

涌井清春が「今までたくさん受けた取材の記者たちとはカネコさんは違うね」と漏らしたように、涌井も僕が数多く取材してきた自動車販売業者の中では特異な存在だった。

もちろん、クラシックカー販売のかたわら、ロールスロイスとベントレーだけのプライベートミュージアムを作り上げてしまった点が他の業者と異なっている最大の理由だけれども、そこにいたるまでや、ミュージアム創設以後も、涌井の個性や独自性が自然と表れ出ているように思えるのだ。

涌井は42歳で大企業を脱サラして、ロールスロイスとベントレーだけの中古車販売店を始めた。「くるま道楽」という屋号で、最初は現在のような工場もショールームも持っていなかった。

「最初に売ったクルマはロールスロイス・シルバーシャドウ。まだ店というものを構えていなかったので、今で言う個人売買のようなものでした」

なぜ、ロールスロイスを扱って、その中でもシルバーシャドウを売ったのか？

「ロールスロイスが最高のクルマだからです。最高のものを表現する言い方として〝○○界のロールスロイス〟というフレーズがありますよね？　私は時計のセイコーでマーケティングに携わっていた頃から、ジャンルにかかわらず〝最高のもの〟として表現されるロールスロイスにずっと興味を抱いてきたんです」

「スニーカーのロールスロイス」（ニューバランスM1300）、「バックパックのロールスロイス」（グレゴリー）、「シングルモルトのロールスロイス」（マッカラン）、最高級の代名詞の例は、他にもいくつか見たことがある。

「いろいろなモノのたとえに使われていましたね。私が憶えているものの中で最も古いのは、『ビンセント・ブラックシャドウ』などが〝オートバイのロールスロイス〟と呼ばれていました。最近の例で憶えているのは、愛宕山《あたごやま》のチーズ販売店で〝オリーブのロールスロイス〟と称してオリーブを売っていました」

自称にしろ他称にしろ、商品の卓越性を表現するたとえに用いられるクルマなんて、ロールスロイス以外にないだろう。

メルセデス・ベンツは世界で初めて自動車を実用化した歴史を持っていて知名度も高い

けれども、〝○○界のメルセデス・ベンツ〟と使われるのを聞いたことがない。ポルシェやフェラーリも、他の商品をたとえるために使われることはない。

つまり、それほどロールスロイスというクルマのイメージは確立されているのだ。品質が最上級で、当然価格も高い。ライバルが存在しないくらいの孤高の存在である。乗ったことがなくても、個々のモデルについて知らなくても、〝○○界のロールスロイス〟と言えば通用して、誰もが納得してしまう。

他にも機械的に優れたクルマはあったのに、なぜ、ロールスロイスだけがそうした名声と地位を得ることができたのか?

機械がよくてもブランドにはなれない

「セイコーに勤めていた頃に、ロールスロイスのブランド価値について調べていました」

涌井は、クラシックカーの販売業を興す前は、時計のセイコーに勤めていた。祖父が始めたワクイブランドの柱時計の製造販売会社を、父親がセイコーの販売会社に発展させた。その縁もあって、涌井は大学卒業後にセイコーに入社したのだった。担当したのは販売店支援やマーケティングで、最後は販売促進室長だった。

「なぜロールスロイスは特別な存在になったのか？　時計を売るために、あるいはセイコーのブランドを構築していくために、ロールスロイスのことを探求していた時がありました」

セイコー時代、ロールスロイスのクラシックカーを目にするチャンスは意外と早く訪れた。場所はスイスのバーゼル。2019年までバーゼルでは毎年3月〜4月に時計の国際的な見本市が開催されていて、セイコーもクォーツ化が始まる前から出展し続け、涌井も1980年代中頃に何回か出張していた。

このショーは世界中の時計メーカーが出展する最大規模のもので、各メーカーは新作を発表し、世界中から集まるバイヤーやメディアに披露する。富裕層の多く住むバーゼルやジュネーブでは、時計に限らずさまざまな見本市や展示会などが開かれている。地理的、政治的にヨーロッパの中心に位置していることも関連するのだろう。時計はスイスの主要産業でもある。見本市のための会場が市内にはたくさん建てられていて、時計のショーは最も大きな建物で行われていた。

「時計の見本市会場近くでクラシックカーのオークションが開かれていて、仕事が早く終わった時に覗《のぞ》いてみたのです」

ベントレー、ブガッティ、マセラティなど、さまざまなクラシックカーが広い会場に並んでいた。入札を募るために、数日間、会場を開けてクルマを公開していたのだ。

「ロールスロイスだけが10台以上も並べられている一角があって、圧倒されました。珍しいモデルも何台も並べられていて、他のクラシックカーとは違うオーラを感じました。これこそ〝最高級〟を表すブランドの本質、真髄ではないかと思いました」

戦前型のクラシックカーは、現代のクルマと較べるとボディの高さもあるし、フェンダーもボディから独立しているから、サイズ以上に大きく見えて存在感が強い。その中でもロールスロイスは特に大きく、ギリシア遺跡のパルテノン神殿を模したラジエーターグリル、繊細な曲線や曲面など、他を圧倒する存在感だ。

最高級を表現する〝○○界のロールスロイス〟という言葉から、時計のブランド構築のためにロールスロイスに興味を抱き、バーゼルで実物を前にして圧倒された。

「私がクラシックカービジネスを始める前に、ロールスロイスのブランドを強く意識するようになったのは、このバーゼル出張からのことです」

涌井はバーゼルで遊んでいただけではない。本業のセイコーブランドの構築に関して重要な示唆を得ていた。他のスタッフとは別に、一人でバーゼル入りした涌井は、空港から直接に見本市会場に向かった。筆者も1998年に訪れたことがあるが、バーゼルの時計見本市は見事なものである。数百年前から時計産業を育成してきたスイスだけのことはある賑《にぎ》やかなものだった。涌井が訪れた時も様子は同じだったようだ。

正面玄関を入ると、真ん中に太い通路があり、メーカーのブースがその両側に並んでいる。1階が腕時計で、2階が各種の卓上用や壁掛け用など、3階がベルトやケースなどの部品、4階が時計を組み立てたり修理したりする工作機械メーカーの展示だった。

正面入り口の左側がパテック・フィリップで、右側がロレックス。スイス高級時計の二枚看板だ。どちらも立派なブースを構えていた。じっくりと見学させてもらいたいところだったが、涌井はまず、同僚たちが待っているセイコーのブースを探した。

会場は右側と左側それぞれのブロックに分かれて、ブースが連なっていた。パテック・フィリップとロレックスの間を奥に進みながら、セイコーのブースを目指した。オメガ、ブランパン、ヴァシュロン・コンスタンタン、ピアジェなど名だたるブランドのブースが続いていく。それらの後ろに、それぞれ2列目のブースが続く。左も右も見たが、セイコーはなかった。〝おかしい〟と思ったという。

そこには、さらに後ろの3列目があった。それを端から一つずつ見ていく。3列目ともなると、腕時計のマーケティングの仕事をしていた涌井でも知らないブランドが増えていった。あった！　なんとセイコーは右側3列目の奥の方にブースを構えていたのだ。1階の端の方だった。そこに「アストロン」はじめ、最新型のクォーツウォッチを展示していた。商品や展示などで、セイコーは他のブランドに何の引けも取っていなかった。なんといっても、世界で初めてクォーツを商品化したメーカーなわけだから、もっと賑やかであってもいいはずだった。

しかし、ブースが設けられた場所が建物の奥の方だった不利もあって、招待客以外はあまり来場者も来ていない。1列目の有名ブランドブースにはつねに人だかりがしているのに、寂しい限りだった。涌井は翌年も、翌々年もバーゼルに通ったが、状況は変わらなかった。主催者に頼み込んでも、2列目や1列目に変えてくれない。セイコーは、時計の本場スイスでは存在感が薄いという事実を、涌井は受け入れなければならなかった。

バーゼルに出展している他のメーカーと較べても、セイコーは決して小さな会社ではない。むしろ大きいくらいだ。それは今と変わらない。最新鋭のクォーツ時計も何種類も製造販売している。では、存在感のこの薄さは何に起因しているのか？ その疑問に対する答えはおのずと導き出された。

「ブランドです。セイコーはブランドが弱いから、見本市、つまり世界のマーケットでの存在感も薄いということを思い知らされました」

製品のクオリティや先進性、企業規模などとは別にブランド価値がどれだけあるかが、すでに1980年代中頃に時計ビジネスでは問われていた。残念ながらスイスの高級腕時計を相手にしては、セイコーのブランド価値は高いものではなかったのだ。

「それが、会場3列目の奥というブース位置の意味だと私は解釈しました」

時計とクルマ

消費者に直接販売する商品という意味では、時計もクルマも同じだ。性能やデザインが売れ行きや人気を大きく左右する機械であるという点でも共通している。個々のデザインや性能、価格などが総合的に判断されて売れ行きが決まり、メーカーの業績もそれに準じてくる。

それらを超越して選ばれる要素がブランドだ。ブランドとは「暖簾《のれん》」のこと。だから「あのメーカーのクルマしか買わない」とか「このメーカーに憧れているので、いつか買えるようになりたい」など、製品そのものの優劣とは別の回路からの評価で、ファンと上得意客を増やしていく。

〝最高〟を表すたとえに用いられるブランド価値を持つロールスロイスと、技術やコストパフォーマンスは申し分なく知名度もあるのに、ブランド価値は今一つなセイコー。使用価値では世界一なのに、ブランド価値が伴っていかないのはなぜか？　それを解き明かし、セイコーのブランド価値を高めることが当時の涌井に下された任務だった。

時計とクルマという違いはあるけれども、オークション会場に居並ぶクラシック・ロールスロイスはその答えを示しているようなものだった。第一義的には、時計は時刻を知るための機械であり、クルマは移動するための機械である。セイコーの時計は、時刻を知るため〝だけ〟なら申し分ない。しかし、それ以上のものを持っていないと、バーゼル見本市会場の1列目ブランドのようにはなれない。

ただ、涌井がバーゼルを訪れてから35年以上経過しているので、セイコーも少しずつブランド構築を進めてきている。グランドセイコーという高級腕時計シリーズが外国の時計メディアで高く評価されている記事を何度も目にしたことがある。バーゼルの見本市は2019年に終了したので、2022年からジュネーブの見本市にグランドセイコーが出展しているが、そこではパテック・フィリップの隣にブースを構えたようだ。

今は腕時計自体を持とうとしない人が増えている。時刻を知る機能はスマートフォンで十分だからだ。にもかかわらず、一部の高価な機械式時計の人気が収まっていないのは、アクセサリー化しているからだ。

クルマをめぐる状況は時計ほど単純ではないが、急速に進行し始めた電動化と自動化によって、移動のためだけのクルマと、楽しみのためのクルマに二極分化しつつある。もちろん、クラシックのロールスロイスなどは後者の最たるものだ。

涌井がバーゼルを訪れた1980年代中頃には、クルマの電動化も自動化も始まっていなかったが、セイコーとロールスロイスのブランド価値の違いに着目した経緯は、大いに示唆的だ。セイコーを辞めてクラシックカー販売業を始め、個人的にもロールスロイスとベントレーをコレクションし始めるのだが、他の業者やコレクターたちとは違ったあり方を示すことになるのは、涌井がこのように最初から異なった問題意識とセンスを有していたからだろう。

第2章　切手、蝶々《ちょうちょう》とオートバイ

兄の影響でクルマ好きに

涌井清春は東京都台東区で1946年に生まれた。5人兄弟の次男で、父・増太郎は「ワク井商会」という時計の卸商を営んでいた。

ワク井商会は、祖父の兼太郎が創業した会社だ。祖父は貴金属を加工する職人だったが、後にそれらを扱う貴金属商となったのがワク井商会の始まりだった。増太郎がそれを引き継ぎ、発展させた。

「現代とは商売をめぐる事情が何から何まで違っているので想像するのが難しいかもしれませんが、父は手広く商売をしていました」

セイコーをはじめとする各社の時計を扱い、それを日本全国の時計店に卸していた。東京オリンピックのあった1964年には、日本全国に時計店が4万軒あったという。筆者は1961年に新宿区に生まれたが、1970年代までは街の大通り沿いに時計店が何軒もあったのを憶えている。

ワク井商会では、腕時計の他、壁掛け時計や柱時計、目覚し時計などあらゆる時計を扱っていた。〝Wakui〟ブランドの柱時計も製造して販売していたほどだ。その柱時計は今でも涌井のオフィスに掲げられている。クォーツ時計が出現する前だったので、壁掛け時計や柱時計は何日かおきにゼンマイを巻く必要があったし、腕時計も自動巻きでなければ、リュウズを指で巻き上げておかなければならなかった。

まだ、すべての時計は機械式の貴重品だったので、柱時計や壁掛け時計に目覚し時計など、家にある時計を指折り数えることができる時代だった。現在では、携帯電話をはじめ、テレビや電子レンジ、湯沸かしポットや万歩計にいたるまで、あらゆるものに時計が備わっているので、時計がいったい家にいくつあるのかを把握できている人はいないのではないだろうか？

腕時計も入学や成人の祝いに買ってもらったものをずっと使い続ける貴重品と決まっていた。自分の腕時計を持つことが大人の仲間入りの第一歩だった時代だ。筆者も、中学校の入学祝いに、父に「セイコー5スポーツ」という腕時計を買ってもらった。

そんな時代だったから、時計の流通もシンプルだった。メーカーが造った時計は、ワクイ商会のような業者によって全国の時計店や百貨店に卸されるだけだった。現代のような家電量販店やディスカウントストアのようなものは存在していなかったから、時計を買うのは時計店か百貨店などに限られていた。また、時計の存在価値と流通の仕方が現代とは大きく違っていたため、卸商という増太郎の商売は繁盛していた。

「時計を積んだ20台のトヨペット・マスターラインが、会社を起点にして、つねに青森から鹿児島まで飛び回っていました」

全国の多くの時計店と百貨店に卸していたわけだから、繁盛していたことだろう。増太郎のことで従業員が驚いていたのを、涌井は聞いたことがあるという。

「社長は日本中の道を諳《そら》んじているんです。出張先で私が迷ったりしていると、『次の交差点を右に曲がって、二つ目の信号を左に』といった具合に憶えているんですね」

増太郎は全国の得意先を従業員とともにクルマで回って開拓してきたから、何度も通ううちに道を憶えてしまったのだ。そういうわけで、家にはクルマがあったし、会社にもたくさんあったから、クルマには縁があった。

涌井には11歳上の兄・富一《とみかず》がいて、彼は16歳になると、さっそく小型免許を取っていた。当時は、18歳からの普通自動車運転免許の他に、16歳から取得できる小型運転免許が存在していた。小型車は、ボディサイズやエンジン排気量、出力などが細かく定められており、いずれも普通車よりも小さなものだった。さらに小さな軽自動車も小型免許で運転することができた。富一が取得した1951年には、小型免許は申請のみで試験がなかった。

富一は18歳になると普通免許を取り、家にあったダットサンだかトヨタ・コロナだかを運転して、浅草の自宅から都立上野高校に運転して通っていたほどのクルマ好きだった。そして早稲田大学に進学し、自動車部に入った。

「兄は11歳上だったから、私には優しくしてくれました。私もクルマ好きになり、のちにロールスロイスとベントレーのクラシックカーを扱う仕事を興すことになると知ったなら、兄も驚いていたでしょう」

残念なことに、富一は涌井が高校3年生の時に29歳で亡くなってしまった。白血病だった。

「クルマに対する興味と関心や初歩的な素養は、確実に兄から受けた影響が基礎となっているのだと思っています」

切手、蝶、そしてオートバイへ

富一がクルマに乗るようになっても、涌井はまだ小学生だったから、夢中になっていたのは切手集めだった。切手がコレクター人生の始まりだった。

「記念切手の発売日に、東京駅前の東京中央郵便局に並んだりしていました。切手趣味週間シリーズの『見返り美人』や『月に雁《かり》』といったものが人気で、お小遣いで買った記念切手を集めていました」

筆者も小学生の時に切手を集めていた。小学生だから、涌井と同じように小遣いで買える範囲で記念切手を買い、家に来た郵便物から剝がした切手をストックブックに挟み込んだり、友達と交換し合ったりして遊んでいた。

「父が昭和34年に世界一周旅行に出かけた時に、各国の切手をたくさん買って帰ってきてくれたのにも夢中になりました。『なんという国の切手なんだろう?』と、切手からその国や図柄について、子供なりに調べていこうという探究心が芽生えたのだと思います」

同感だ。切手は、その図柄を通して子供の探究心を掻《か》き立てていく。筆者も、浮世絵シリーズの東海道五十三次や国立・国定公園シリーズ、偉人シリーズ、オリンピックやスポーツ大会シリーズなどから、地理や歴史などへの興味と関心を抱くことができた。外国の切手にいたっては、なおさらだ。

「おっしゃる通り、気に入ったものが現れると、それを探求したくなってしまう私のマニア気質は、小学生の時の切手収集から始まったのかもしれませんね」

涌井や筆者だけでなく、昭和の小学生の間で切手収集は特別な楽しみではなかった。店に行けば同じ学校の仲間たちがいたし、他の地域の店や郵便局などでは同年代の少年少女たちが集っていた。今の小学生も、切手収集をしているのだろうか。

中学生になった涌井の趣味は、切手から蝶に移った。採集と標本作りだ。１９６０年代中頃までは、まだ東京にも自然がたくさん残っていて、近くの上野の森や浅草の浅草寺《せんそうじ》などで採集していたという。だが、すぐにエスカレートして、近郊の野山に遠征しては蝶を追いかけるようになった。

「渋谷の宮益坂上にあった志賀昆虫という専門店で3段式の網を誂え、〝ドイツケース〟と呼ばれていた標本箱を購入して、捕まえてきた蝶を標本にしていました」

いつ、どこで捕まえたのか、1匹ずつ記したラベルを貼った。その標本箱は今でも保管してあり、時々、眺めることがあるという。最終的には、日本国内では飽き足らず、マレー半島にまで採りに出かけるようになった。

「切手も蝶の採集も兄がやっていたんです。それを見ながら私も始めたのですが、私の方が凝り性だったので、夢中になってしまっていましたね」

蝶の採集は、はじめは電車で通っていたのが自転車になり、より機動力を増すために高校生になると運転免許を取ってオートバイに乗るようになった。

「珍しい蝶を捕るために山の中、森の中に分け入っていくので、オートバイは必需品になりました」

オートバイは、最初は蝶採集の移動手段に過ぎなかったが、やがてオートバイ自体に興味を抱くようになっていった。

「オートバイのかたちと排気音に魅せられるようになって、どんどん大型のものに変わっていきました」

凝り性の涌井は、現行型の日本製オートバイだけで満足できず、外国製、そしてビンテージへとすぐに対象が広がっていった。そして、1台を乗って走り回るだけでは飽き足らなくなり、コレクションが作られていった。

「アレもコレもと手に入れ、あちこちに保管しておくうちに台数が増え、一時は50台にもなっていましたから呆《あき》れたものです。クルマと一緒で同時に2台は乗れないのがわかっていても、欲しくなったものは手に入れなければ気が済まず、処分よりも次のオートバイを手に入れる算段を考えるようになる思考パターンは、のちにロールスロイスとベントレーのクラシックカーを集めるようになった時とまったく変わりません」

中央大学を卒業し、セイコーの販売会社に就職しても、オートバイの趣味は続いていた。

「セイコーに勤めるサラリーマンになると、オートバイからクルマへとだんだんと興味が移っていきました」

最初に自分のものにしたクルマは、メルセデス・ベンツ190SLだった。

「ガルウイングの300SLは高嶺《たかね》の花でしたが、だからといって、190SLはその廉価版だとは思えなかったんですよ。〝キレイなクルマ〟だなあと思ってました」

300SLとは、1954年に発売されたメルセデス・ベンツの中で白眉とも呼べる2

座席スポーツカー。カモメが羽を広げた時のように開くドアはギミックではなく、軽量化と高いボディ剛性を両立させるために採用されたパイプフレーム構造の利点を活《い》かすためだった。

3リッター直列6気筒エンジンは、世界初のガソリン直噴式。他にもモータースポーツ由来の技術や機能が盛り込まれ、300SLのプロトタイプは実際のレースでも勝利を収めている。高価だったことや大量生産できなかったことなどから、1400台（屋根の開く300SLロードスターと合わせても3258台）しか製造されず、その稀少性が、現在にいたるカリスマティックな人気にも拍車をかけている。日本では力道山や石原裕次郎など、昭和のスターが所有していたことでも時代を象徴している。

それに対して、190SLはボディデザインこそ300SLイメージのものを施しながら、エンジンは1・9リッター直列4気筒と小さく、ドアもオーソドックスなものだった。価格が300SLより安かったこともあり、2万5000台あまりが製造された。

この190SLとの出会いは偶然にやって来た。

「私がトライアンフのオートバイに乗っていて、路肩に停《と》まっている190SLがあったので、その後ろに停めて見惚《みと》れていたんです。持ち主と立ち話したら、向こうは私の乗っているトライアンフがいいって言うんです。偶然に知り合った人だったけど、結局、私のトライアンフにドゥカティを1台付けて190SLと交換しました。あれが、オートバイからクルマに移った瞬間かもしれませんね」

いかにも、涌井らしい。切手、蝶、オートバイと、小学生以来のコレクション対象が移り変わり、190SLを手に入れたのは、ロールスロイスとベントレーを収集し始める前段階にあたる。

第3章　最初に売ったシルバーシャドウ

クルマ商売の基礎を学ぶ

涌井が初めて販売したクラシックカーは、ロールスロイス・シルバーシャドウだった。日本で中古車として売られていたものを購入し、手入れをして個人客に販売した。

「ロールスロイス社が日本で新車を販売したのは1969年型のシルバーシャドウからで、それ以来の中古車が日本には存在していて、そのうちの1台を販売しました」

20年間勤めたセイコーを1988年に退社し、父親の遺産として受け継いだ株を売った資金が元手となった。

「もともと、セイコーにずっと勤め続けるつもりもありませんでしたし、可愛《かわい》がってくれていた社長が辞めるというので、それに合わせて辞表を提出しました」

自宅の一室をオフィス兼ショールーム代わりにして始め、まだ加須の工場などはない。そのシルバーシャドウは、機関部分には問題なかったが、板金と塗装をやり直す必要があった。そこで葛飾《かつしか》区にある「広島自動車」という工場に持ち込み、レストアしてもらうことにした。

「最初の見積もりでレストア完了は3か月と言われ、経過報告を待っていたが何の連絡もありません。心配になって、2か月経った頃に工場に見に行ったんです」

驚いたことに、シルバーシャドウには何も手がつけられていなかった。

「納車まであと1か月なのですが、大丈夫でしょうか?」

すると、広島自動車社長の迫田久雄は、諭すように涌井に語りかけた。

「まぁ、そこに座って。あなたは知らないでしょうけれども、この業界では『3か月かかる』と言われたら、1年かかるものなんですよ。そういうものなんだ」

何も知らなかった当時の涌井に、迫田社長は自動車修理業界のやり方というか、ペースを優しく教えてくれたのだった。しかし、その時、涌井はそれを素直に承服することができなかった。当然だろう。誰でも不審に思うはずだ。20年間勤めていたセイコーでの仕事の進め方とあまりにかけ離れていたからだ。

「セイコーでは、『1か月と言われたら、20日で完成させて提出する』という企業カルチャーが隅々まで行き渡っていたからです。だから、迫田さんに言われて〝そういうものなのか〟と納得するわけにはいきません。納期は迫っていて、お客さんに納めなければビジネスが成立しないからです」

翌日から、涌井は工場に毎日通って、自主的に作業を手伝うことにした。迫田に命じられたわけでもなく、そうすれば間に合うかもしれないと考えたのだ。

もちろん、プロの技能が要求されるような高度な作業はできないから、もっぱら下準備を手伝った。ボディに紙ヤスリをかけて塗装を削り落とす作業を毎日毎日、教わりながら行った。迫田をはじめとする工場の人たちが他のクルマに取りかかっている横で、黙々と紙ヤスリで古い塗装面を擦《こす》っていた。

「涌井さん、明日からもう来なくていいよ。続きは俺たちがやるから」

そうした手伝いを1週間続けた後、塗装職人が作業に取りかかってくれ、数日後にシルバーシャドウは完成。無事に納車に間に合い、胸を撫で下ろした。

「仕事の納期に関しての感覚の違いにはビックリさせられましたが、この1週間で私は多くのことを学ばせてもらいました」

一つは、チームワークの大切さ。迫田は従業員たちから慕われていて、人間味あふれる社長だった。その人柄とキャラクターが工場をまとめ上げていた。二つ目は、1週間通って下準備作業を手伝ったおかげで、板金と塗装作業の大まかな流れを学んだことだ。それまでも、自分のクルマの塗装作業などを見て知っているつもりだった。

「迫田さんに作業の流れや勘どころなどを教わりながら下準備を手伝ったので、実学というのでしょうか、クラシックカーの再塗装をどのように行うかを確実に習得することができました」

大袈裟《おおげさ》に言うと、「働くことの意味」や「仲間と力を合わせて一つのことを成し遂げるために必要なこと」を学んだのだ。

「それまでの人生では経験できなかったことを体験できた貴重な1週間でした。今でも感謝しています」

クラシックカー業界はいいかげん

と同時に、当時の輸入車販売業界全体のいいかげんな仕事ぶりには呆れていた。特に、東京の環状八号線沿いに並んでいた販売店などはヒドいところが多かった。シルバーシャドウを販売した後の頃に、ある店にロールスロイス・シルバークラウドが1500万円で売りに出ていたので見に行ったことがあった。よければ自分で買うつもりだった。整備などはその店に頼めるのかと訊ねると、答えに呆れてしまった。

「こういうクルマを買うような人には、整備のことなんか聞く人はいないんだよ」

その店ではクルマを売りっ放しにしていて、売った後に故障しても相談にも乗ってくれないというのだ。そんな商売が許されるのか？

「そのいいかげんさに呆れるとともに、自信のようなものが湧いてきました。つまり、これは顧客の立場に立って納期を守り、きちんとコミュニケーションを欠かさないようにやればビジネスになるのではないか？　当たり前のことを当たり前に行えば、クラシックカー販売において何の経験もノウハウもなかった私でもやっていけるのではないか？」

涌井は、そんな確信めいた手応えを感じた。それほど、当時はいいかげんでヤクザな業界だったのだ。

「クラシックカービジネスの世界に入った時には右も左もわからず、はたしてやっていけるものだろうかと不安に思わないでもなかったですが、当時の業界を客観視すればするほど、『この通りにやっていて未来があるわけない』と自分の信じる道を行くことができました。それは間違っていなかったと、30年経っても自負するところに変わりはありません」

この時、涌井は42歳。起業するのに早いという年齢ではない。天下のセイコーで20年間勤め上げた経験があるから、クラシックカーや中古車業界を客観視できて、相対化することができた。もっと若いうち、それこそ大学卒業後すぐにそこで働き始めていたら、涌井も環状八号線沿いの店とまではいかなくても、どっぷりと業界に浸《つ》かり、業界に疑問を抱かずに続けていたのかもしれない。

そうなっていたら、はたしてワクイミュージアムを開設し、コレクションを築き上げることができていただろうか？　涌井が他の販売業者やコレクターたちと違っているのは、異業種から参入し、42歳という分別盛りの年齢でビジネスを始めたからではないだろうかと筆者は考えている。

１９８８年に、涌井がロールスロイスとベントレー専門のクラシックカー販売店「くるま道楽」を開業した時に、日本には同じような店はなかった。

「もともと乗る人が少ないロールスロイスは、王侯貴族や富豪の乗るクルマであって、クルマ好きの対象ではなかったのです。ベントレーも、当時はロールスロイスの陰に隠れた知る人の少ない高級車となっていたと思います。〝優雅で上質な大型乗用車だが、手がかかるし、お客も少ない〟という理由からか、商売としては専門でお店をやろうという人もいなかった」

涌井が2008年に自費出版した『ロールスロイスの光、ベントレーの風に魅せられて』に記したように、1980年代末と現在とでは、ロールスロイスの境遇も違っていた。

ロールスロイスは1931年にベントレーを買収している。それ以後、ベントレーが製造するクルマは少数の例外を除いて、ロールスロイスとはエンブレムとラジエーターグリルが違うだけの〝双子車〟だった。だから涌井の言う通り、〝陰に隠れた〟存在であり、エンジニアリング的にも古臭く、過去の栄光にすがっているだけのように見えていた。

それが1998年になると、ロールスロイスをドイツのBMWが、ベントレーをフォルクスワーゲンが買収することで、両社は分かれた。それ以降は、どちらも親会社の投資やリソース活用などによって水を得た魚のように生き返って、それぞれの個性を活かした新型車を次々と生み出し、モータースポーツ活動などにも積極的に関わっている。

シャシーとボディは製作者が別

「創業時には、お客さんと一緒に学ぶことも多かったのです」

ロールスロイスとベントレーのクラシックカーを1台また1台と販売し始めたが、最初のうちは手探りだった。まず、クルマのことを知るための情報がほとんど手に入らなかった。日本語で書かれた文献も何冊かあったが、書かれていた内容は限られていた。

そこで洋書を購入し、英語の堪能な友人に翻訳を頼んだ。定期購読するようになった欧米の専門雑誌なども、自分で辞書を引きながら読んで知識を増やしていった。

「いったい、どんなクルマがあるのだろうか?」

ロールスロイスやベントレーのクラシックカーは、コーチビルダーで誂えられたボディが架装されたクルマがほとんどなので、同じモデルであっても、1台ずつ異なった外観をしていて、調べれば調べるほど知らないクルマが出てくる始末だ。

コーチビルダーとは、馬車の時代から続くボディの製造業者のことだ。ロールスロイスとベントレーだけでなく、戦前の高級車メーカーが造るのは、フレームにエンジンやサスペンションなどの機能部品を組み込むところまでで、ボディは顧客が好みのコーチビルダーを選び、そこに任せるか、相談しながら誂えていくものだった。ロールスロイスやベントレーのような高級車を新車で購入するともなれば、凝りに凝った世界に1台だけのクルマを誂えたくなるわけで、コーチビルダーもそれに応えて、腕によりをかけた1台を造り上げていく。

ロールスロイスやベントレーのボディを製造していたのは、現在、ベントレーの特別仕様として名を残しているH・J・マリナーやジェイムズ・ヤング、パークウォードなどが有名どころだ。

動力源が馬からエンジンに変わっても、ボディの美しさを競ったり、インテリアに贅《ぜい》を尽くす文化は変わらなかった。世界に束《つか》の間《ま》の平和が訪れていた1920年代から30年代中頃までは、顧客と自動車メーカーの間でコーチビルダーが重要な役割を果たしていた。この時代のクルマを判断してその価値を定める時には、「どのメーカー製か?」と同じくらい「どのコーチビルダーのボディが架装されているか?」がとても大事なことだったのである。

戦後に入ると、軽量で強度と空間効率に優れたモノコックボディが出現したことによって、フレームの上にボディを載せるという設計方法は廃れていった。モノコックボディは大量生産に適していたこともあり、一気に普及した。しかし、ロールスロイスや一部の少数生産車、オフロード4輪駆動車などでは、フレーム付きボディはしばらく生き残り続けた。ただ、戦前の高級車のように、顧客からの注文に合わせてボディを手造りで仕立て上げるという手法は、戦後になってから途絶えてしまった。

したがって、コーチビルダーのほとんどは転廃業を余儀なくされた。

また、1960年代にモータリゼーションが勃興した日本では、コーチビルダーの存在そのものが縁遠いものだった。クルマに限らず、あらゆるところでカジュアル化が進む現代の日本ではなおさらで、クルマのボディをオーダーメイドで注文するという贅沢は想像し難いだろう。であるがゆえに、クラシックカーの愛好家にとっては、日常生活から縁遠ければ縁遠いものであるほど愛《いと》おしく、研究と探究に拍車がかかっていく。

会報誌創刊号に込めた言葉

クラシックカー、それもロールスロイスやベントレーといった高級車のクラシックカーは、1990年代初頭のほとんどの日本人と日本にとっては縁遠いものだった。それは涌井だけでなく、顧客たちにとっても同じ状況だった。輸入元のコーンズからロールスロイスやベントレーの新車を何台も買って乗り継いできたような人でさえ、ちょっと前のクルマとなるとわからないことが多かったのだ。

「カマルグって、どんなクルマでしたっけ？」

顧客の一人に訊ねられた。

カマルグは1975年にデビューした2ドア5座席クーペだ。シルバーシャドウのシャシーやエンジンをはじめとするメカニカルコンポーネンツなどを流用しながらも、イタリアのカロッツェリア（コーチビルダーのこと）「ピニンファリーナ」によるモダンで流麗なボディデザインが施されていた。1986年までの12年間で525台生産されたに過ぎず、ピニンファリーナ・デザインの美しさもあって、今でも格別の人気を誇っている。

カマルグのような比較的新しいロールスロイスでさえ、実物を見たこともなければ、乗った話も聞いたことがなかった。その頃は、今、オフィスとして使っているフロアがもっと広かったため、涌井はそこに3台クルマを展示し、応接用のテーブルと椅子を置いて顧客と応対していた。

するとここに、顧客がいつも集まってくるようになった。雑誌に広告を打ったこともなく、場所もわかりにくいところだったので、ほとんどの顧客は誰かと一緒に来たか、あらかじめ紹介されて訪ねてきていた。

「扱っている商品がクラシックカーですから、右から左に売れるわけではありません。私もいつも忙《せわ》しなくしているわけではありませんから、お客さんの訪問を歓迎し、会話を楽しんでいました。私は店主であると同時にコレクター仲間だったから、お客さんと一緒になってロールスロイスやベントレーのことを喋っているのが楽しかったのです」

前述したように、まだロールスロイスとベントレーに関して涌井もわからないことだらけだったので、顧客と一緒になって調べ、それを互いに報告し合い、知識を増やしていっていた。店がある種のサロンと化していたのだ。共通の趣味嗜好《しこう》を持った仲間が集い、互いに研鑽《けんさん》を重ね、楽しみを分かち合っていた。わからないこと、知らないことがあれば、手分けしてみんなで調べ、解決し、その答えに感嘆しながら共有していた。ロールスロイスとベントレーのクラシックカーの研究会のようなものだった。人が人を呼び、週末などは大勢で賑わっていた。

「涌井さんから、ぜひ買いたい」。そう言ってくる顧客も現れ始めた。

「社交辞令が半分だとは思いますが、ありがたいことに中にはそう言って訪ねてきて、買ってくれるお客さんも出てきました」

まさにサロンだった。

「涌井のところに行けば、ロールスロイスとベントレーのクラシックカーのオーナーたちが集っていて、和気藹々《わきあいあい》と楽しんでいる。そんな風に思ってくれた人たちが寄ってくれて、結果的にそれが商売につながっていきました」

集まって、いろいろな話をしていた。オーナーズクラブを作る話もここから生まれていった。誰かが、「欧米にあるような、ロールスロイスとベントレーのクラシックカーのオーナーズクラブを作ったらよいのではないか」と口にしたところ、別の人が「日本にも、大昔に存在していたらしいですよ」と答えた。「だったら、そこが今でも活動しているのかどうか確かめる必要がありますね」

彼らは、以前に日本にも存在していたというそのクラブメンバーを捜し当て、訪ねていった。それによると、そのクラブはすでに活動を停止しているので、涌井たちが新たに作っても問題ないことがわかった。

「以前、アメリカのロールスロイスオーナーズクラブの一行が日本にクルマを持ち込んで、東京から大阪までツーリングしたのを、その日本のクラブがサポートしたこともあると言っていました」

その報告を聞いて、アメリカのクラブとも交流していたなんて、ずいぶんと活発で国際的だったんだなと一同で驚かされた。

涌井たちのクラブの会報誌『R＆B』の創刊号が残されている。JAPAN ROLLS-ROYCE & BENTLEY CLUB BULLETIN ISSUE NO.1 WINTER 1997と印刷され、この準備のための創刊0号も出していたはずだという。巻頭の挨拶文に、涌井は以下のように書いている。

〈最近、バブル時期に投資や税金対策のために買われたクラシックのロールスロイス／ベントレーの情報がよく入ってきます。現在の相場よりずっと高く買われたその車を見に行くと、多くは会社の所有で、手入れする人もなくガレージにそのまま眠っていることが多いのです。もともと好きで始めた『くるま道楽』ですが、商売を離れてエンスージアストとしても何とも惜しい光景で、救い出してやりたいなとは思うのですが、こちらの資力もそうそう及ばず、そのままになってしまうことが少なくありません。〉

まだまだバブルの残滓《ざんし》があった時代だった。

〈〝日本に行ったクラシックカーは行方不明になってしまう〟と外国の業者から言われたことを思い出します。言葉の壁もあるでしょうが、本当に好きな人の手に渡っていれば、車の行き先も同好の士のつながりで捕捉でき、インターナショナルなネット

クラブの会報誌
第1号（上）と第2号

ワークもできると思います。日本でロールスロイス／ベントレーのクラブ発足を考えたのは、車の情報ネットワークをつくりたいとの思いもあってのことでした。眠っているロールスロイス／ベントレーの情報を皆さまに紹介し、お好きな人の手に渡るならこれに勝る喜びはありません。今後、そうした車の情報なども積極的に掲載していきたいと思います。〉

今でこそ〝クラシック・ロールスロイスとベントレーのワクイミュージアム〟という認知が広がっているが、この頃はまだまだだった。国内に眠っているクルマを探し、涌井からアプローチして探し出していっていた。

そして、「日本に行ったクラシックカーは行方不明になってしまう」というくだりだ。

「これは、創業時にアメリカの業者に言われたことが、よほど頭に来ていたのでしょう。我ながら執念深さに苦笑してしまいます」

〈特に古いロールスロイス／ベントレーはオーナーが「一時預かり人」としての責任

を負うべきものと、英米のクラブ会員やクラシックカーファンは当然のように考えているようです。イギリスのオーナーズクラブＲＲＥＣ（The International Club for Rolls-Royce & Bentley Enthusiasts）の会報を眺めていても、車も含めて、古いものを大切にするということでは、日本人以上に強い気持ちが感じられます。このクラブでも、ロールスロイス／ベントレーの機械的、工芸品的な価値を掘り下げ、大切にする気持ちを唯一の共通の認識として、自由で楽しい交流のできる会にしたいと思います。〉

このように会報誌創刊号の巻頭挨拶を締めくくっている。

「この〝一時預かり人〟という言葉と考え方を、この時から記していたことに安心しました。今でも、その考え方に間違いがなく、賛同してくださる方々も増えてきているからです。自信を深めることができました」

〝一時預かり人〟は、今でも涌井がことあるごとに口にしているが、それは彼のクラシックカービジネスとクラシックカー趣味を貫いている思想と言ってもいいだろう。美術や骨《こっ》董《とう》の世界でもまったく同じ意味合いで使われることのある言葉だが、クラシックカーの世界で涌井のように使っている例をあまり聞いたことがない。

今、自分が所有しているクラシックカーは自分のものだけれども、それは一時的なことに過ぎず、しかるべき時期が来たら次の持ち主に渡すべきである。クラシックカーは単なる古いクルマやカーマニアの専有物ではなく、社会全体や人類が共有するべきものだ。

20世紀の文明が生み出した機械遺産であり産業遺産であるから、持ち主が代わってもクラシックカーは永遠に維持されるべきものだ。涌井の主張は変わらない。

第4章　アメリカとイギリスのパートナーたち

アメリカの二人の恩人

イギリスの象徴とも呼べるようなロールスロイスとベントレーのクラシックカーを扱っているのにもかかわらず、涌井は創業時にアメリカとの縁が深かった。

そのキッカケとなったのが、アメリカのカリフォルニア州パサディナにあったジム・リックマン・モータースという自動車販売店だった。ロールスロイスとベントレーの中古車販売業者だ。1980年代後半にアメリカに住んでいた涌井の義弟と一緒に、西海岸の業者を何軒も訪ねたうちの1軒だった。

ジム・リックマン・モータースは、ロスアンジェルス近郊のロールスロイス、ベントレーのクラシックカースペシャリストで、ハリウッドの上得意客を多く抱えていた。涌井は、最初はそこからクルマを輸入して日本で売っていた。文京区弥生《やよい》の自宅の一部をオフィスにし、埼玉県加須市の今とは違うところに保管場所を借りて、まだ「くるま道楽」という屋号で営業していた頃のことだ。

もちろん、ロールスロイスとベントレーのクラシックカーはイギリスが本場であることは重々承知していたが、当時の涌井には直接アプローチする手立てやツテもなかった。

「〝本場イギリス〟はとてもハードルが高かったのです」

ジム・リックマン・モータース工場の技術は確かで、知識と経験も豊富だった。涌井の店である「くるま道楽」のメカニックを派遣して、研修を行ってもらったこともあった。そうした付き合いの後に、涌井はオーナーのジム・リックマンから「引退するので、会社を買わないか?」と持ちかけられ、思い切って買収した。

「ジム・リックマン・モータースから得たものは、とても多かったです。アメリカ人のいいところで、私のような新参者にも親切にいろいろと教えてくれ、さまざまな人を紹介してくれました」

その中でも、ジム・リックマンからドナルド・ウイリアムズを紹介されたのは幸運の一つだと言う。ウイリアムズは、サンフランシスコ近郊に当時できたばかりの、ブラックホーク・コレクションのオーナーだ。ウイリアムズは21歳の時からカリフォルニアでクラシックカービジネスに携わっている業界の有名人である。

「その知識と経験の豊富さには頭が下がりました」

ブラックホーク・コレクションは、サンフランシスコ市内から30マイルほど東のダンヴィルというところにある、ミュージアムと販売店を併せ持った施設だ。訪れるためには事前予約が必要というハードルの高さが設立時に話題になっていた。それが雑誌に掲載されたことを、その浮世離れした建物とともに筆者も憶えている。

「でも、それだけの内容がありました。建物も、それ自体が鑑賞の対象となるような素晴らしいものです」

ウイリアムズの知己を得てから、涌井はロールスロイスとベントレーのクラシックカーを3、4台買った。

「いずれも素晴らしいものでした」

アメリカ流レストアは合理的

涌井がウイリアムズを紹介されたのは1988年か89年のことだった。日本はバブル景気に沸き、その反面、アメリカは不況に苦しんでいた。涌井はウイリアムズに鋭い指摘を受けたことがあり、今でもよく思い出している。

「今、アメリカで4、5万ドル（当時1ドル＝125円として、500〜625万円）で売っているロールスロイス・シルバークラウドが、東京では1500万円で売られている。それぞれのマーケットでの相場が違うから、内外価格差がこんなにも大きくなっているけれども、いずれ両者の相場は近づき、違いはなくなるだろう」

当時はインターネットもまだないから、欧米のクラシックカー相場など日本では誰も知らない。バブル期という時代もあって、そこに胡座《あぐら》をかいて悪質な商売をしていた日本の業者がいた。

「アメリカと日本の間だけではなく、ヨーロッパとも情報は共有され、いずれ相場は平準化、一本化していくはずだ」

ウイリアムズの予測は具体的だったが、涌井はまだ半信半疑だった。しかし、ブラックホーク・コレクションの素晴らしさやウイリアムズの仕事の進め方などを傍《はた》から見ていると、涌井は頷《うなず》かざるを得なかった。

ブラックホーク・コレクションに限らず、当時の日本では「アメリカのクラシックカーはビカビカに輝き過ぎていて、リアリティがない」と言われていた。オリジナルの姿に戻すレストアではなくて、新車以上に光り輝いていたり、新車とは異なった仕上がり方をしていると蔑まれていた。

「たしかにアメリカではそういう傾向があることは認められましたが、それもレストアを行った業者なり工場による差が大きかったのでしょう。ウイリアムズ率いるブラックホーク・コレクションの逸品揃いのクルマたちは、決してビカビカではありませんでした」

涌井は、ウイリアムズが案内してくれた工場を見て、アメリカにもいろいろとやり方があることを知った。

「倉庫のように広大な工場でレストアが行われていました。1台のクラシックカーのレストアに多くの工員が取りかかり、作業がテキパキしています。見ていると、工員の担当作業が明確に決まっているようでした」

例えば、エンジンをレストアしようとしているクルマでは、分解する人、パーツを整理して交換する人、再度組み上げる人といったように完全に分業化されていた。分解の仕事が済んだ人はそのクルマを離れ、次のクルマのエンジン分解に取りかかるといった具合だ。

もちろん、クラシックカーのレストアは予定した通りに進むものではない。分解してみたら予想よりも状態が悪化していたり、原因が予想と違っていたりすることの方が多いくらいだ。

「ブラックホーク・コレクションのレストアの秘密は〝コンダクター〟にあることがわかりました」

つまり、レストアの指揮者だ。工場に入庫してきたクラシックカーがどんな状態にあり、どこをどう直せばよいか見極め、必要な作業の指示を的確に工員に出せるコンダクターが優秀なのだった。コンダクターは方針を定め、進捗状況を確認し、スケジュールを管理する。実際の作業は行わない。

「ウイリアムズに質《ただ》すと、その通りだと認めていました」

日本とはまったく違っていた。日本では、一人の職人が多くのことを兼務していて、ほとんどの作業を自分一人で行う。念入りにじっくりと取り組むというと聞こえはよいが、スケジュール管理が曖昧になり、遅れることが増えてしまう。その点、ブラックホーク・コレクションのように、レストア計画を策定し、進行状況を管理・監督する人間と、実際に作業を行う人間が分かれていた方が効率的に進む。シルバークラウドをフルレストアする場合に、ブラックホーク・コレクションなら3か月で仕上げられるとウイリアムズは言っていた。当時の日本なら2年かかっていた。

早いから作業が雑になるのではなく、正反対だった。作業に入る前に、何をどう行うべきかレストア方針がきちんと定められ、始まってからも予定通りに進行しているのかが厳しくチェックされていた。理にかなっていて、とても合理的だった。

「目からウロコが落ちたのたとえ通り、その作業の進め方にとても驚かされ、影響を受けたものです」

もちろん、アメリカには多くの富が集まり、モータリゼーションの歴史も古く、それに比例して素晴らしいクラシックカーも集まってきているという大前提が日本と違っていた。景気に左右されないような超大金持ちがたくさんいて、スゴいクルマがたくさんある。1886年にゴットリープ・ダイムラーとカール・ベンツがドイツで〝自動車〟というものを発明したが、それをベルトコンベア方式で大量生産し、価格もどんどん下げて大衆のものとしたのはアメリカのヘンリー・フォードだ。

ブラックホーク・コレクションのレストアの進め方から、涌井は大いに学んだ。ヘンリー・フォードが大量生産方式を軌道に乗せた時の思想や方法論がアメリカでは脈々と受け継がれているのではないか、その考え方や仕事の進め方の根底には、アメリカ的なプラグマティズム、実用主義が流れているのではないかと考えた。しかしこの後、涌井はイギリスに縁を得て、アメリカからクルマを仕入れることはなくなってしまう。

「今でもアメリカのことは忘れていません。アメリカのクラシックカーにはピンからキリまであって、いちがいには捉え切れません。そのトップエンドの存在であるブラックホーク・コレクションと付き合えたことは、その後の私に大きな影響を与え続けています」

ウイリアムズは今でもブラックホーク・コレクションのオーナーであり、素晴らしいクルマを送り出し続けている。

イギリスのパートナー、ブライアンとフランク

その後、イギリスにビジネスパートナーを得ることになったキッカケは、定期購読していたクラシックカーの雑誌に掲載されていた広告だった。

「日本語通じます」「オールド・イングリッシュ・クラシックス」という屋号のクラシッ

クカー販売業者の広告にそう書いてあった。すぐに問い合わせ、ブライアン・ハウザムと奥さんの淳子さんとの、今日にまで続く関係が始まった。

淳子さんが日本人だということと、もともとブライアンの父が農機具の販売業を営んでいて、北海道にもずいぶん売っていたことで日本とは縁の深い人だということは後からわかった。

「これも後からわかったことですが、彼はクルマに対する愛情が非常に深くて、その対象がクラシックカーはもちろんのこと、現代のクルマにも変わらず注がれていました。特に、レーシングカーに目がなかったのは、彼自身がレーシングドライバーだったからです」

1970年代末には、イギリスF3であのナイジェル・マンセルと競っていたというから、まさにプロフェッショナルだ。

「僕だって、マンセルのように性格が意地悪だったら、イギリスF3チャンピオンになれたんです」

ブライアンは、冗談半分にそう嘆いていたという。

「彼のマジメでお人好しなキャラクターをよく表現していましたね」

日本の顧客からのリクエストでクルマを探してもらったり、反対に彼から「こういう出物がありましたよ」と提案されて調べてもらうこともあった。あるいは「イギリスのどこそこの誰々さんがこのクルマを持っているはずだから、コンタクトを取って交渉してみてくれないか」と依頼することもあった。白洲次郎が乗っていたベントレー3リッターを手に入れた時もこのパターンだった。

その時は、オーナーは渋っていたが、ブライアンがBDC（ベントレー・ドライバーズ・クラブ）の会員であり、クラシック・ベントレーについて確固とした見識と経験を持っていることで信頼を得た。そのクルマが日本にとっていかに重要で意義深い存在なのかを何度も通って丁寧に説明してくれたおかげで譲ってもらうことができた。

交渉ごとだから、相手の言うことをただハイハイと聞いているだけではダメだ。世界に1台だけのベントレーの「オールド・マザー・ガン」を入手する時も、有名コレクターのスタンレー・マンと丁々発止やり合ってくれた。

毎回、仕事のかたちはさまざまだが、「見に行って、判断して、報告。そして交渉」という大まかな流れは変わらない。どのプロセスも的確でマジメな仕事ぶりに、涌井は彼に全面的に信頼を寄せるようになった。以来、長い付き合いが続いている。

あるクラシック・ロールスロイスを彼に交渉してもらって購入した時の話を涌井はよく憶えている。

「交渉の結果、10万ポンド（約2000万円）で決まりました。私は妥当な値段だと思ったので、それで購入してもらうよう指示しました。最終的に彼は持ち主に5000ポンド（約100万円）値引かせて、9万5000ポンド（約1900万円）で契約成立となりました」

涌井が10万ポンドで納得したので、彼が無理して相手に値引かせる必要はなかったのだが、その時の状況を彼は「値引ける」と判断して、涌井のために交渉した。その分のボーナスを涌井に求めることはなかったし、契約で取り決めた定額の手数料しか請求してこなかった。それは特別なことではなく、ビジネスパートナーである涌井のためとなることならば、指示されなくても率先して動いてくれる男なのである。

「ですから、私は彼に全幅の信頼を置いていて、購入資金を事前に振り込むようなことにも躊躇《ちゅうちょ》することはありません。何かの拍子にそれを聞いた同業者からは、『よく信頼できますね』と驚かれたりしますが、私にとっては当然のことなのです」

ブライアンとは別に、涌井はフランク・デイルという業者とも取り引きがある。先代の社長がマネージャーだった頃から取り引きしている、クラシック・ロールスロイスとベントレーを扱う、本場イギリスの老舗《しにせ》だ。ワクイミュージアムが日本での彼らの窓口になっていて、ホームページにも彼らの在庫車が掲載されている。現社長や先代社長、現マネージャーたちにも、涌井は全面的な信頼を置いている。嫌な思いをさせられたり、モメたりしたことがない。

「非常に誠実な姿勢で仕事に取り組んでくれることがこちらに伝わってくるので、長く付き合っています。ブライアンにしてもフランク・デイルにしても、私はイギリスのビジネスパートナーに恵まれました。両者と付き合っていなければ、ワクイミュージアムの今日の姿はなかったでしょう」

両者は涌井にはあまり語らないが、以前は日本の業者の中には不誠実でヒドいブローカーなどがいたようだ。

「創業期に欧米の業者から、『日本にはクラシックカーの文化が存在していないから、クラシックカーを売りたくない』と断られた理由は、実は真実の半分だけしか表していません。もう半分は、欧米の業者たちが『日本からの業者にヒドい目に遭わされたことがあるから』というものです。それほど昔の日本のブローカーは約束を守らず、いいかげんな輩《やから》が多かったのです。我田引水となってしまいますが、そうした苦情を耳にするたびに私は、絶対に自分はそうはならないと誓い、実行してきました。ブライアンとフランク・デイルは冷静に私のことを見てくれていたのでしょう。その結果、ずっと付き合ってくれました。とても感謝しています」

第5章　コレクターの心情

よくぞ選んでくれた

クラシックカーのイベントでは、コンクール・デレガンスと呼ばれる品評会が一つの晴れ舞台となっている。

欧米では、さまざまなコンクール・デレガンスが開催されているが、最も有名で権威があり、規模も大きなものがアメリカ・カリフォルニア州モントレーで毎年8月に行われている「ペブルビーチ・コンクール・デレガンス」だ。カーメルの海岸沿いに整備されたペブルビーチ・ゴルフリンクスを舞台に行われている。

筆者は1987年と2005年に同イベントを訪れたことがあるが、風光明媚《めいび》なゴルフコースと美しいカーメルの街を舞台にして、クルマに興味のない人でも魅了されるほど素晴らしいものであった。

メインイベントの品評会では、毎年テーマとなるメーカーが決められ、それにふさわしいクルマとオーナーがあらかじめ招待される。品評会の審査対象とならず、18番コースのフェアウェイ上に展示されるクルマの方が多いが、それらにしたところで自薦は認められ

1921年に製造されたベントレー3リッター by ゲイルン

ず、あくまでも主催者から招待されないと会場に並べることはできない。その招待は、世界中のクラシックカーオーナーの垂涎《すいぜん》の的であり、最高の栄誉なのである。

そのペブルビーチ・コンクール・デレガンスに、2019年、涌井の持っているベントレーが招待を受けた。ベントレー創立100周年を記念して、2019年のコンクール・デレガンスのテーマがベントレーとなり、世界中から貴重なベントレーが集まった。ワクイミュージアムから選ばれたのは、1921年製のベントレー3リッター by ゲイルン。涌井は、招待状を受け取った時に大きな感慨を抱いた。

「ベントレー社創立100周年の年に、世界で最も権威あるイベントに招待されたことは館長として、そしてクラシックカーを愛する一人のコレクターとして望外の喜びであることは間違いありません。しかし、正直に申し上げて、このクルマがペブルビーチ・コンクール・デレガンスに招待されることになるなんて、手に入れた時は想像すらできませんでした。コレクターが躍起になって手に入れようとするようなクルマではなかったからです」

イギリスから他のクルマと一緒に購入したのだが、その時に、前出のイギリスのパートナー、ブライアン・ハウザムが「古くて安いのも1台ありますけど、一緒に買っておきますか?」と提案してきたクルマだった。長らくスウェーデンの愛好家のもとにあった個体だった。ベントレー社が創業した1919年の2年後に製造され、スコットランドのゲイルン(Gairn)というコーチビルダーでボディが架装された珍しいものだった。

前述のように、この時代のクルマは、シャシー(フレーム)とボディは別々の構造で、シャシーはクリクルウッドのベントレーの工場で製造されていたが、ボディはいくつもあるコーチビルダーに製造・架装させて1台を完成させていた。ちなみに、現代のベントレーはモノコック構造と呼ばれ、シャシーとボディは一体化されている。

コーチビルダーにはそれぞれの〝作風〟があるので、どのコーチビルダーにどんなボディを造ってもらうのかが、顧客にとって大きな楽しみになってくる。すでに製作された実績のあるものを頼めば、仕上がりが想像できる確実さはある。一方で〝世界に1台だけ〟を造りたければ、それも可能となる。コーチビルダーとあれこれと話し合いながらボディデザインや装備などを決め造り上げていく。前述したようにビスポーク（bespoke）とはこのように「話し合って造り上げられたもの」（be spoken）を示している。日本語だと〝誂える〟という言葉が最も近いニュアンスになる。

この3リッターbyゲイルンも、最初のオーナーがゲイルンというコーチビルダーにボディを注文したわけだが、このゲイルンは、H・J・マリナーやパークウォード、ジェイムズ・ヤングなどに較べると、ベントレーのコーチビルダーとしてはあまり有名ではない。涌井もそれまで知らなかった。

「でも、私はこのクルマが大好きです。控え目に見える2シーターボディの造形もバランスが取れているし、エンジ色もよく似合っている」

涌井と同じようにこのクルマを気に入った顧客が現れ、涌井は一度売却している。しかし、その人物が手放すと聞き、すぐに買い戻したという。

「やはり、手元に置いておきたいと思わせる魅力がこのクルマにはあるのです。確かに、このクルマは有名なコーチビルダーによるものでもなければ、大向こうを唸《うな》らせる華麗な造形が施されているわけでもありません。どちらかといえば、地味なデザインです」

しかし、このクルマの稀少性と存在意義は、ペブルビーチの審査員によっても高く評価された。誰もがその価値を認める博物館級のクルマが高く評価されるのは当然のことだ。ワクイミュージアムにも、そうした定番中の定番のようなクルマは何台もある。1929年のベントレー・スーパーチャージャー付き4½（4・5）リッター〝ブロワー〟や、1954年のベントレー・Rタイプ・コンチネンタルなどだ。そうした派手なクルマがある一方で、地味で目立たないクルマもある。地味なクルマでも、自分の愛情に変わりはないと涌井は力説する。

「定番的なクルマが選ばれるのではなく、まさにこのクルマが選ばれたことに、私は望外の喜びを感じました。よくぞこのクルマを選んでくれた。喜びと同時に、大きな感慨にとらわれました」

世界の誰もが評価する大定番ではないクルマでも、持ち続けていたことによって栄誉にあずかることができた。

「コレクター冥利《みょうり》に尽きるとは、まさにこのことです。世間の評価は気になるものですが、密《ひそ》かに自分の愛情も大切にしたくなるのがコレクターの性《さが》というものなのでしょう」

誂えか、既成か

涌井がクラシックのロールスロイスとベントレーに魅せられ、集め始めるようになった30年以上前の頃から、〝いつかは絶対に手に入れたい〟と思っていたロールスロイスがあった。それは、1950年に造られた「シルバーレイス」だ。

このクルマはリムジン、つまり大型車であるシルバーレイスのシャシーを用いながら、Freestone & Webbというコーチビルダーが製作した2ドアのドロップヘッド（オープン）のクーペボディを架装している。ただ1台だけ製作されたクルマだ。WFC69というシャシーナンバーの、知る人ぞ知る有名な1台である。

「私がクラシックのロールスロイスとベントレーに魅せられ続けている理由はいくつかあ

ります が、この〝誂えられたボディの素晴らしさ〟はその中でも最大のものの一つです」

現代の高級車も素晴らしいのだが、ほとんどはモノコック構造というシャシーとボディの一体構造を採用せざるを得なくなっているため、ボディだけ別に造ることはできない。意地悪に言ってしまうと、〝既製品〟だ。

「私の父親は下町の時計商で、着道楽ではありませんでしたが、身につける洋服はすべて誂えていました。スーツ、ジャケット、コートなどの上着類だけでなく、替えズボンやシャツなどもまとめてテーラーに作らせていました」

季節の変わり目を前にすると、懇意にしているテーラーの主人が我が家にやって来て父親の身体《からだ》を採寸し、持って来た生地見本を見せて相談しながら服を新調していたのを、子供だった涌井は横で見ていた記憶があるという。

前合わせはシングルか、ダブルか？　ベントはセンターか、サイドか？　二つボタンか、三つボタンか？　裏地は？　ボタンは？　体形が変わって窮屈になったツイードのジャケットなどは、そのテーラーで仕立て直させて20年以上も着続けていた。誂えた服は、仕立て直すことが前提で作られているので、そんなこともできた。誂えた服と既製服とでは服

1950年に製造されたロールスロイス・シルバーレイス WFC69
by Freestone＆Webb

の構造が違っていたために、仕立て直すことが可能だったのだ。

服と高級車で共通するものはないに等しいが、〝誂えか、既成か〟という観点に時代の変化が表れているという点だけは共通している。昔はオーダーメイドは贅沢なことではなく、よい既製品がなかったから、日常的にスーツを着るような男たちはみな誂えていた。反対に、既製服は〝吊《つ》るし〟といって一段低く見られていた。

洋服もクルマも、時代の移り変わりとともに生活様式が変化し、また製造技術が進化したことで大量生産が可能となり「既製品」「レディメイド」というものが出現した。

筆者の父親は涌井の父親より20歳以上歳下だったが、１９７０年代ぐらいまでは服を誂えていた。しかし、１９８０年代になると、台頭してきた既製服をデパートなどで購入するように変わっていったのを憶えている。

今は既製品の方が当たり前で、誂える方が特別になってしまった。現代のように、店に陳列してある服やクルマを指差して、「これください」と買って、その場で着替えたり、乗って帰るようなことは昔はできなかった。服は仕立て、クルマ（高級車）もメーカーに注文すると同時にコーチビルダーにボディを誂えさせて、でき上がってくるのを待たなければならなかった。これは良《よ》し悪《あ》しの問題ではなく、時代の趨勢《すうせい》であり、それに伴ったライフスタイルの変化だ。

「だから、私はクラシックのロールスロイスとベントレーにロマンを抱いてしまうのです。顧客がコーチビルダーとビスポーク（相談）しながら世界に1台だけ、自分だけの1台として誂えたクルマに託そうとした想いとはどんなものだったのか？　それを想像することが私の大きな楽しみです」

憧れ続けた1台を値段も聞かずに購入

そのＷＦＣ69というシルバーレイスも、最初のオーナーはどんな要望をFreestone ＆ Webbに伝え、反対にFreestone ＆ Webbはそれにどんな提案を返し、どう応えたのだろうか？　そのやり取りは想像するしかないが、写真を見ても、ボディの仕上がりは大変素晴らしい。ドロップヘッドだから、幌の屋根を開けたスタイルもカッコいいし、閉めてもキマッている。ショートボディだから、軽快に見える。ロールスロイスはどれも大きなクルマだから、下手をすると鈍重に見えかねない中で、このクルマは違う。

ちょっと昔の東京言葉に〝小股が切れ上がった〟という表現があるが、まさにそれがピタリと当てはまるようなカッコよさだった。だから、あらゆる書物に載っていて、世界中から高い評価が得られていた。

「私も毎日毎日、夢を見るように洋書のページを繰っていました。ため息しか出ませんでした。戦前型の雅《みやび》やかなスタイルに、大幅に近代化されて格段に性能が上がり、扱いやすくなった戦後型のエンジンが搭載された、私にとって理想的なクラシック・ロールスロイスです」

駆け出しのコレクターが簡単に手に入れられるとは思えなかった。手が届きそうもないくらいにはるかに遠い存在だった。涌井は実物を見たことがなかったのだが、いつかはどうしても手に入れたかった。

「WFC69については、その後も本のページをめくるだけの日々が流れていきました。幸いなことにビジネスも少しずつ軌道に乗り出して、毎日が忙しなく過ぎていきました。でも、WFC69のことはつねに思い続けていました」

1994年、提携しているイギリスのクラシック・ロールスロイスとベントレーの販売業者である前出のフランク・デイルを訪問したところ、WFC69があった。

「これは有名なWFC69じゃないか!?」

「よく知っているな。これは売り物じゃないんだよ。スイスの銀行家がオーナーで、修理のために入庫しているのだ」

涌井は小躍りした。三次元で見たのは初めてだったからだ。周囲も逸品のクラシック・ロールスロイスとベントレーばかりだったが、WFC69だけ浮き立っているように見えた。半日ぐらいそこで見ていた。諦め切れずに、最後に「売る時には、私にも声をかけて欲しい」と伝えるのが精一杯だった。

2年後、うれしい知らせが来た。

「WFC69を憶えているか？　オーナーが手放してもいいと言っている」

値段も聞かずに即答した。

「私が買う」

返答した後で、そんなカネは持っていないことを正直に伝えた。

「ならば、あなたのコレクションと交換で構わない」

当時はホームページなどなかったが、彼らは涌井のコレクションはすべて把握していた。来日して「コレとコレとソレ」といった具合に即座に5台を指定して、追加で5万ポンド(約1000万円)支払うという取り引きが成立し、涌井のもとにやって来ることになった。

「天にも昇る気分でした」

今でこそ、何十台ものクラシック・ロールスロイスとベントレーに囲まれているが、当時は始めたばかりの頃だった。そのような、いろいろな本に取り上げられるほど有名な、世界に1台だけのクルマを手に入れることができるなんて思ってもみなかった。

「この時は〝クルマって欲しいと思い続けることが大事なんだ〟という確信を得ました。それとタイミングでしょうか。フランク・デイルを訪れるタイミングがズレていたら、あのクルマが彼らのもとにあることを知り得なかったのですから」

そうしたタイミングや運、巡り合わせなどもクラシックカーのコレクションとは切り離して考えることができないし、それが醍醐味《だいごみ》にもなっている。

「負け惜しみではありませんが、私はカネがなかったから想いを抱き続けることができた、とも言えるのかもしれません。〝欲しい、欲しい。いいな、いいな〟と思い続けることで、タイミングや運を引き寄せられたのだと信じています」

カネを持っていても、相手が譲ってくれなければ買えるとは限らないのがクラシックカー・コレクションの難しいところだが、カネがなかったら絶対に買えないのかというと、そうでもないのが、また奥深いところでもある。

「WFC69には、そうしたコレクションの醍醐味を教わりました」

新車を購入するのならば話は難しくはない。購入代金を用意できるかどうかだ。しかし、クラシックカーは涌井の言う通り、売り物に巡り合えるかどうかから始まって、さまざまな不確定要素が介在している。購入資金を持っていることが前提となるが、その時に持っていなかったとしても、それがネガティブに作用することもあるし、そうはならないこともあることを、涌井の談話は物語っている。

醍醐味と感じることができればのめり込んでいくのだろうが、面倒と思ったらその限りではない。一期一会の言葉通り、原理原則通りに行動することが正解でない場合もあるところに趣きがある。

第6章　売らないクルマ屋

なぜ〝売らないクルマ屋〟と呼ばれたのか

涌井はクラシックのロールスロイスとベントレーのコレクターであると同時に、販売業者である。クラシックカー収集ならではの筋道や流れなどの、いわば〝あや〟のようなものを醍醐味と楽しむ余裕を見せる一方で、その姿勢でビジネスにも向き合ってきた。

「私には〝売らないクルマ屋〟とお客さまから呆れられていた時代がありました。ロールスロイスとベントレーのクラシックカーディーラーとして独立し、アメリカに拠点を築くこともできて、ビジネスがようやく軌道に乗り始めてきた頃のことです。お得意さんも少しずつできてきて、現在にいたるまでの長いお付き合いが始まったばかりでした」

自慢気という感じではないが、クラシックカー販売業者なのに〝売らないクルマ屋〟と呼ばれていたことが自負となっている感じである。

現在のように、加須に借りている敷地の中で販売のためのクルマを並べている〝ヘリテージ〟、整備工場である〝ファクトリー〟、そして涌井のコレクションを並べてある〝ミュージアム〟と、明確に場所を分けてクルマを並べておらず、まだ隣接していたカーテン販

ヘリテージ

ファクトリー

ミュージアム

売業者の空いた倉庫を借りていた頃に端を発するエピソードだ。

「お客さまは、ハッキリと目的のクルマを決めて来訪される方もいらっしゃれば、特にすぐに欲しいクルマがあるわけではないけれども、何となく見に来た、遊びに来たという方まで、みなさん、さまざまな動機があって来訪されます。そうした中で、実物を目にして初めてグッと来るクルマもあるわけです。今まで本や雑誌で見て知識として知ってはいたけれども、実物を前にしてみたら、意外とよい、気に入ったというわけです。あるいは、まったく知らないクルマだったけれども、造形やたたずまいなどに魅了される。一目惚れということがクラシックカーでもあり得るわけです」

次のような会話が始まる。

「このクルマ、イイね」

「ありがとうございます。ロールスロイスのシルバークラウドです」

まさに、涌井のビジネスの始まりだ。

「整備も済んでいるように見えるけれども、値段はいくらぐらいになるの？」

顧客が値段を訊ねるということは、そのクルマに興味と関心を抱き、もしかしたらそこから購入につながるかもしれないとても重要な瞬間だ。

「そういう時に、私は困ってしまいます。整備も済み、キレイにして陳列してありますが、実は売り物ではないのです。私のコレクションとして購入し、たまたま同じところに保管してあるだけなので、売り物ではないのです」

せっかく興味を持たれたのに、断らざるを得なくなる。

「申し訳ありません。このクルマは売り物ではないのです」

反応はさまざまだった。涌井の言っていることがわからなくてポカンとする人、事情を察して呆れた表情の人、いいかげんにしろと言わんばかりの人など、だ。

「じゃあ、こっちは?」

「申し訳ありません。それも私のコレクションなんです」

売り物ではないクルマが、なぜ売り物のクルマと並んでいるのだという点がわかりにくく不親切だった。

「コレクターですから、欲しいクルマが現れると何が何でも手に入れたくなります。購入資金があればすぐに買えますが、〝資金がなくても入手できないわけではない〟というクラシックカー・コレクション特有の醍醐味については以前に述べた通りです（第5章）。もちろん、私の仕事の基本はお客さまにクラシックカーを販売することですが、その過程で自分が欲しかったクルマに出会ったりすることもあるわけです。他にも、海外の取り引き先からの連絡の中に、欲しかったクルマが偶然にも含まれている幸運もあります。出会い方はさまざまです」

顧客に販売するクルマも、自分のために買うクルマも同じように整備を施し、洗車を欠かさないようにして、いつもキレイにしていたので混乱が生じたのだ。それらを、売るクルマと売らないクルマの二つに分けて、保管場所も変えてからは〝売らないクルマ屋〟とは言われなくなった。後に、売り物のクルマだけを400坪に収めたものが現在の「ヘリテージ」となり、コレクション用も隣の400坪の敷地に分け「ワクイミュージアム」となる。

まず買うことが勝負

「でも〝これはコレクションなので売れません〟と言っていたクルマが、後に売られていたりしたではないか!?」

そうした苦情もあった。「私のコレクションなので売れない」と一度は商談を断ったクルマも、顧客からの要望や、涌井が他のクルマを買うための資金繰りの一環として手放したことがあった。ここにも、涌井のビジネスのやり方の特徴が表れている。〝まず買うことから仕事が始まる〟〝買うことが勝負〟なのだ。

「目の前に、ずっと気になっていたクルマや好みのクルマ、欲しかったクルマなどが現れたら、とにかく買うことから始まると心に決めて、私はずっとビジネスを行ってきました。資金の算段は、他のクルマを売るなりして次に考えればいいのです。これもクラシックカー販売の基本だと考えています。新車を販売しているのならば、お客さまから注文がなければ仕入れることはしないでしょう。注文を受けて、自動車メーカーに発注します。しかし、クラシックカーは違います。仕入れられるチャンスはその時しかなく、いわば一期一会です。出会った時に買って仕入れなかったら、あとからいくらおカネを積んでも手に入りません」

となると、では、仕入れの基準とは何か?

「○年型のベントレーの○○○が欲しい」

　具体的に年式まで指定して注文する顧客もいれば、初めて涌井のところに来て高価な戦前型のロールスロイスを注文してしまう人もいる。一人として同じような要望がなく、流行のようなものもないのが新車販売と違うところだ。

　しかし、ほとんどの顧客は何度か涌井のところに通い、日本ロールス・ロイス&ベントレーオーナーズクラブのメンバーになったりして、コミュニケーションを十分に取ってから購入している。2台目、3台目と続けて、あるいは複数を購入する優良顧客も変わらない。

「お客さまとお話をさせていただくうちに、その方の趣味嗜好、考え方、クラシックカーに何を求めているのかなどがわかってきます。もちろん、正面切って私から質問するような不躾《ぶしつけ》なマネは絶対に避けなければなりません。自然なやり取り、何気ない会話の中に潜んでいるお客さまの要望を逃さず、それを忘れないようにしていました。〝聞いていないようで聞いている〟〝憶えていないようで憶えている〟ことが肝腎です」

　それを繰り返していると、クルマを前にして自然と思い出すようになるという。

「あっ、このクルマはAさんが欲しがっていたな」

「次のクルマに買い替えたがっていたBさんにふさわしいのはこのクルマじゃないか!?」

「以前に購入していただいたクルマとこれが並んだら素敵なコレクションになりますよ、とCさんに提案してみようか」

売り物の情報を聞くと、さまざまな顧客の顔が浮かんでくる。その一方で、涌井自身のコレクター心も同時に刺激されてしまう。顧客への提案を自分にしているようなものだからだ。

今は自分のコレクションとなったクルマはミュージアムに置いているから、以前のように〝売らないクルマ屋〟と言われることはなくなった。

「しかし、魅力的なロールスロイスやベントレーのクラシックカーの売り物を前にすると、お客さまのことを考えるのと同時に自分も欲しくなってしまうのは、私がディーラーであると同時にコレクターでもあることの業の深さなのかもしれないと、半ば諦めているところです」

父親の教え

実は〝売らないクルマ屋〟と呼ばれたのには、もう一つ理由があった。それは、涌井の父・増太郎の「商売は大きくし過ぎるな」という教えによるものだった。それを守ったことで、結果的に〝売らないクルマ屋〟になった。どういうことだろうか?

涌井の父親はセイコーの時計の販売会社を経営していた。これは以前に父が経営していた時計の問屋が発展して設立されたものだ。したがって、父の仕事や経営についての考え方や姿勢のほとんどは、セイコーという世界的大企業のものではなく、問屋時代に培われたものと言ってよい。具体的には〝在庫と売掛金と従業員の三つを持ち過ぎるな〟ということだ。

問屋時代はセイコーだけでなく、シチズンやオリエントなど他のメーカーの時計も小売店に卸していたから、売り上げを大きく伸ばすためには手を広げる方が有利だった。取り引きする小売店も全国にあった。1軒でも多くの小売店に、一つでも多くの時計を卸そうと、拡大路線を敷いていた。

その頃は、東京・上野のワク井商会の本社から、トヨペット・マスターラインの営業車20台に商品を載せて全国に配送していた。注文にすぐに応じられるように、大きな倉庫を構えて大量の在庫を持ち、大勢の管理スタッフと配送スタッフたちを社員として雇っていた。その規模は他の問屋を圧倒するものだった。

しかし、時代の趨勢などもあって、そうした数を追い求める経営が必ずしも好ましくなくなっていった。規模を拡大してもその分コストが肥大化し、利益を圧迫することの方が多くなっていった。そうすると、在庫と売掛金と従業員の多さが負担となっていく。そのことを教訓として、セイコーの販売会社を経営するようになってからは、増太郎は無闇に規模を拡大することを止めた。

増太郎の帝王学は、亡くなった兄・富一が受け継いでいたのを弟として見たり聞いたりして、涌井は知っていた。涌井もセイコーの販売会社と本社に20年ほど勤め、その間に、増太郎から直接にも間接にも教えられたことがあったが、セイコーを辞めて独立し、クラシックカービジネスを始めた時には増太郎はすでにいなかったから、身に付いていた教えを意識的にせよ無意識にせよ守ったことになる。

「在庫を抱え過ぎるなという教えは、自然と守れていました。在庫というのは、仕入れたクルマを一時的に保有しておくことです。私のところでは、もともと在庫があまり発生していませんでした」

その頃の展示場所に並べていたクラシックカーは、ある〝範囲〟に収まっていた。範囲とは、顧客が具体的な車名を挙げて注文したクルマから、涌井が自分のコレクション用に買ってきたクルマまで、のことだ。その中間が、注文は受けていないが何人かの顧客に涌井が薦めてみようかと考えているクルマ、ロールスロイスとベントレーのクラシックカーを扱っている上で欠かせない定番的なクルマ、そして定番の中でも特別なクルマなどになる。

「陳列しているすべてのクルマに意味がありました。それが私のコレクションなのか、お客さまから依頼されて仕入れたクルマなのか、これからお客さまにお薦めしようとしているクルマなのか、並べられている理由が明確だったのです。ただ何となく仕入れて並べたクルマは1台もありません。時計とクラシックカーでは商品の特性がまったく違いますが、結果的に〝在庫を少なくしろ〟という父の教えはそうやって守られていたのです」

〝在庫を少なくしろ〟という父の教えは、言い換えると〝意味のない在庫をなくせ〟ということになる。ただ単に在庫車の数を減らせということではない。在庫車にはそれぞれに意味があるから、それを吟味せよということだ。

同じ年式の同じモデルであっても、コンディションや来歴などがそれぞれ異なっているので、クラシックカーに同じクルマはない。新車は、たとえ1万台造られても、その時は1種類だから全部一緒。しかし、クラシックカーは、1台1台がみんな違う。したがって、個々の在庫車にそれぞれの在庫している意味が問われる。単なる台数の多寡が問題となるのではない。そこが、クラシックカービジネスの勘どころだ。

「在庫は3種類に分けることができます。〝見せるクルマ、売るクルマ、儲《もう》けるクルマ〟の三つです。見せるクルマとは、価値の高い魅力的で稀少なクルマです。売って儲けることよりも、クラシックカーやロールスロイスなりベントレーなりの素晴らしさを示すことができる、看板となるようなクルマのことです。我々にそれを仕入れた実力があることを示すことにもなります。売るクルマというのは、安定的な人気と需要があり、売ることによってビジネスを回転させます。回転によって、他のよいクルマが巡ってきたり、新しいお客さんや新しい商談に結び付いたりします。儲けるクルマというのは、文字通り、チャンスを活かして儲けさせてもらうクルマのことです」

涌井によれば、これら3種類のクルマがバランスよく在庫されていることが理想的だけれども、タイミングや巡り合わせもあるので簡単ではないという。

涌井が自負する〝売らないクルマ屋〟というのは、アイロニカルな表現だけれども、自らのビジネスに向かう姿勢をよく表現している。

そうすると、従業員の数についても、おのずと定まってくる。涌井がビジネスを始めた直後には、クルマの整備は葛飾区の広島自動車に依頼していたが、すぐに自社で行うようにした。クラシックカーを扱うには、整備が命だと考えたからだ。そのために、コーンズで長年ロールスロイスの整備に携わってきた腕利きメカニックの木の村栄二郎氏と契約した。木の村氏を中心にした体制を組み、他に2名のメカニックも追加で雇い、営業や総務なども固めた。おのずと経営のキャパシティは定まってくる。一般的な新車の販売ならば、ディーラー拠点と営業マンを増やせば、それに比例して販売台数は増えるが、クラシックカーはそういうわけにはいかない。

「それでも、販売するすべてのクルマは、きちんと走行できるようにして売っていましたし、1台ずつコンディションが千差万別のクラシックカーは、売った後の手入れも欠かせません。だから整備の体制は命なのです。したがって、販売台数を増やして売上金額を拡大することは簡単にはできませんでしたし、また、するつもりもありませんでした」

売掛金については言わずもがなで、掛け売りをするほどの販売台数の拡大はそもそも目《もく》論《ろ》んでいなかったので、これは最初から父の教え通りのことが励行できていた。

「在庫、従業員数、売掛金。これら三つを可能な限り抑えようという父の教えは、図らずも今日まで変わらない私のクラシックカービジネスの進め方と軌を一にするものとなっていました」

悪質中古車業者を反面教師として

もう一つ、前述した、創業前後に環状八号線などに存在していた悪質な中古車業者を客として訪れたことを涌井は思い出すという。

その店のシルバークラウドの隣にはシルバーシャドウが並んでいて、「どう違うの？」

と質問してみたが、店員は答えられなかった。

「ワクイミュージアムでしたら、それぞれのクルマの解説やロールスロイスの歴史から見た位置付けなどをわかりやすく説明します。もちろん、納車に関する整備や手続きなども同じように説明します。そうした当たり前のことすら満足にできていなかった店が何軒もあったのです。時代が違うといってしまえばそれまでですが、ビックリしてしまいます。こういう業者は時代によっても淘汰《とうた》されていき、現代ではあり得ない存在です」

涌井には父の教えとは別に、セイコーでの20年間のサラリーマン経験があった。その経験も、クラシックカービジネスに有用であったことを認めている。

「セイコーでは、社内はもちろん、社外の人たちにも十分な説明を行ってコミュニケーションをとることが重視されていました。時計メーカーだけあって、時間には厳しかったです。すべての仕事の始まりと終わりが時間的に厳しく管理されていました」

セイコーでの経験と父親の教えが身に沁《し》みていたので、涌井は当時の中古車業者とは反対の公明正大な接客と、構えを大きくし過ぎない経営を指針にして営業を続けることができた。

「売り上げをあげることができなければ営業を続けることができません。でも、売り上げが目的でビジネスを行っているのでもありません。自分のコレクションを充実させながら、お客さんに喜んでもらうためにビジネスをしています。私がコレクターでもあることも有利に作用しています。クラシックカーを愛する者同士として、お客さんと想いを共有することができるからです。自動車文化云々はこちら側の話で、まずはお客さんが〝よいクルマを買った。また次も涌井から買いたい〟と喜んでくれなければなりません。そうして、少しずつお客さんが増え、継続していくことができたのも、売上額や台数拡大を最優先にしなかったからだと自負しています」

そのことを指して〝売らないクルマ屋〟と呼ばれていた。だから涌井は父親の教えに感謝すると同時に〝売らないクルマ屋〟と呼ばれていたことを誇りに思っているのだ。

第7章　ミュージアムを作ろう！

白洲次郎のベントレー3リッター

涌井が長い間〝売らないクルマ屋〟と冗談半分に呼ばれていたのは、クラシックカーを仕入れてきても、それらを売らずに自分のコレクションに仕舞い込んでいたからだ。そう呼ばれなくなったのは、私設ミュージアムを作ってコレクションを公開してからだった。

「ミュージアムはいずれ建てたいと思っていました。ミュージアムと、クラシック・ロールスロイスとベントレーについての本を出版したいというのはずっと考えてはいたんです。しかし、何かのキッカケがないと、思っているだけでなかなか動き出すことができませんでした」

キッカケとなったのは、1924年のベントレー3リッター（シャシーナンバー653）だった。このクルマは、白洲次郎が戦前、ケンブリッジ大学に留学していた時に乗っていたクルマである。

「そのクルマの詳細は知りませんでしたが、イギリスに現存していることを教えてくれたのが、『カーグラフィック』誌創刊編集長の故・小林彰太郎さんでした」

戦前のイギリスで白洲次郎が購入して乗っていた1924年製ベントレー3リッター

小林は2003年のある日、自動車部OBとして東京大学を訪問した足で、近くにある涌井のオフィスを妻と訪れた。

訪問の目的は、白洲次郎のベントレー3リッターがイギリスに現存していて、BDC（ベントレー・ドライバーズ・クラブ）のメンバーが長年、所有していることを教えるためだった。

「戦前のイギリスで日本人が乗っていた貴重なベントレーなのだから、輸入して日本で保存するべきでしょう」

小林の言葉には力がこもっていた。

「私は白洲次郎という人がどんな人物なのか、ほとんど知りませんでした。そう

小林彰太郎氏（右）と涌井清春

いう人がいて、ベントレーに乗っていたことは何かの記事で読んだことがあるくらいの認識でしたから、イギリスに現存していることも、もちろん知りませんでした」

その記事というのは、1987年12月からクルマ雑誌『NAVI』で連載された「日本国憲法とベントレー」（鶴見紘《ひろし》）のことだろう。後に、『白洲次郎の日本国憲法――隠された昭和史の巨人』として出版されている。

同連載は、2代目トヨタ・ソアラの開発者が開発にあたって、白洲がそれまで自分で乗っていたポルシェ911Sを提供し、「参考にするように」とアドバイスを受けたというエピソードから始まっている。講和条約締結までの占領下での政治や、その後の経済界での白洲の行動にも触れているが、戦前、ケンブリッジ大学留学時代にベントレーやブガッティなどを購入して乗っていた事実をつなげ、自動車雑誌らしく白洲とクルマのエピソードを軸に物語が進められていく。

筆者は著者の鶴見氏の知遇を得たこともあり、白洲が東北電力の会長を務めていた時に、奥只見《おくただみ》の発電ダム工事用にイギリスのランドローバー車を輸入したエピソードをランドローバー専門誌に寄稿したことがある。白洲とランドローバーにゆかりのあった人々を訪ねて取材した記事は数号にわたった。白洲のクルマに対する見識の高さと経験の深さを知ると同時に、他の面もうかがい知ることができた。特に、東北電力の社長時代の白洲の運転手を務めていた高齢の男性からは、占領下の日本で、白洲をどこに運んで、彼が誰と頻繁に会っていたかなどの証言を得ることができ、世評に表れていない面を知ることができたのは興味深かった。

白洲が1920年代のイギリスで購入し乗っていたベントレーが現存していると小林氏から教わった涌井は、さっそく現地パートナーであるブライアン・ハウザムに調べさせた。

「その報告には驚くべき事実が列挙されていて、興奮しながら繰り返し何度も読んだことをよく憶えています」

それによると、ケンブリッジ大学に留学していた白洲は、1924年6月にジョン・ダフというディーラーから、シャシーナンバー653の新車を購入していた。

「まず、この事実に驚かされました」

このジョン・ダフという人物は、いわゆる〝ベントレー・ボーイズ〟の一員で、ロンドン市内でベントレーのディーラーを営んでいた。ベントレー・ボーイズとは、1923年からのル・マン24時間レースに参戦していたベントレー社のファクトリーチームのドライバーたちのことで、多くは大富豪の子弟たちだった。ダフは、白洲がベントレー3リッターを購入した1924年の、まさにその年のル・マン24時間レースにベントレー社の実験部長フランク・クレメントと組んで参戦し、優勝している。レースは毎年必ず6月に行われるから、ちょうど白洲が購入した前後の頃だ。ロンドンのサヴォイホテルで開かれた優勝祝賀パーティに白洲も招待され参加していることを、後に白洲の娘である牧山桂子氏から涌井は聞くことになる。

白洲はこのクルマで、学友のロバート・セシル・ビングとイベリア半島一周のドライブ旅行に出かけていた。パイロットキャップにコート姿の白洲がクルマの脇にたたずむ有名

1925年から26年にかけての休暇中に学友とベントレー(上)でヨーロッパ大陸12日間の旅に出た白洲次郎(下)

写真提供／
武相荘(ベントレー)、
濱谷浩撮影
©片野恵介(白洲次郎)

な写真は、この時のものだ。現代風に言えば、グランドツーリング（GT）である。スペイン最南端のジブラルタル（イギリスの植民地）を目指してイギリスから大陸を南下し、そのままグルッとイベリア半島を周遊している。その旅に必要だからベントレーを選んだのか、あるいはベントレーでなければ走破できないコースをあえて策定したのかは定かではないが、当時のクルマの性能や道路状況などを考えると、最高の選択であることは間違いないだろう。

写真をよく見ると、路面は舗装されていない。タイヤやフットステップ上に固定されたスーツケースには、巻き上げられた泥がこびりついている。ヨーロッパといえども、当時は未舗装の道を走らなければならなかったことを物語っている。若者だったからとはいえ、劣悪な道路環境の下、オープンボディのベントレー3リッターで12日間も走り続けたのは、ちょっとした〝冒険旅行〟だったろう。

「留学を終えた白洲は、帰国の際にこのクルマをイギリスに残してきましたが、それを21世紀まで引き継いで乗り続けていた人がいて、また、ＢＤＣのような団体が活動を続け、乗り続けられる環境が整っているところに、イギリスのクルマ文化の奥深さを感じたものです」

と同時に、涌井はこの時、なんとしてでもこのクルマを手に入れるのだと固く決意した。ブライアンには、オーナーのもとに半年間で10回以上も交渉に赴いてもらった。最初は、色よい返事はもらえなかった。オーナーはそのクルマをとても気に入っていて、手放す気持ちがなかったからだ。妻とのイタリア旅行をはじめとする思い出が一杯だから手放したくないというのがその理由だった。

「もっともな理由ですが、こちらにはさらに強いモチベーションがありました。ブライアンに粘り強く交渉してもらうと、譲って欲しいと訪ねてきたのは私たちだけではないと明かしてくれました」

東北電力とトヨタ博物館から譲って欲しいと、以前に申し入れがあったそうだ。

「あなたがたは熱心で、同じＢＤＣクラブメンバーだから譲っても構わない。価格も相場通りでよい」

最後には〝これは日本にあるべきクルマなのです〟という涌井たちの説得にもオーナーは理解を示して、晴れて２００４年に日本にやって来た。

白洲のベントレーとミュージアム建設

白洲のベントレーが涌井のもとにやって来たと同時に、「いつかミュージアムを作りたい」という願望が一気に現実化していった。小林から、「展示するだけでなく、収蔵するクルマはどれも、いつでも走り出せる動態保存をミュージアムの原則としたらどうか」という提案も受けて背中を押された。

「このクルマは単なる1台のベントレー3リッターというだけではなく、日本人が1920年代のヨーロッパを縦横に走り回っていたという史実を伴った貴重な文化遺産でもあるのです。ですから、私が独り占めするわけにはいきません。大袈裟に言えば、日本人全員のクルマのようなものです。であるならば、公開して、みなさんに見てもらうのが持った者の責任です」

美術品のオーナーのことを「一時預かり人」と表現することがある。ルノワールやピカソの絵画を所有していても、人間には寿命があるので永遠に持ち続けることはできない。人類全体の宝なわけだから、オーナーが亡くなったら、しかるべき次のオーナーに引き継がれなければならない。

「人の寿命には限りがありますが、文化は永遠です。クラシックカーも同じです。たまたま、今は私のもとにありますが、いずれ次のオーナーに継承する義務があります。そうした考えは以前からおぼろげながら有していましたが、この白洲次郎のベントレー3リッター が手元に来たことによって、一気に具現化しました」

それ以来、涌井は館長として、そして現在は相談役としてワクイミュージアムの運営に携わっている。

「人生の転機が何によってもたらされるかは人それぞれでしょうが、私はクルマによって人生が変わりました。1台のクルマが人間にもたらす影響の大きさを感じるようになりました。これからは、より一層クルマ文化を継承していくことの重要性が増していくでしょう」

白洲次郎のベントレー3リッターは、そのキッカケとなった1台だった。

ミュージアム開設時の14台

ワクイミュージアムは、埼玉県加須市に２００７年8月7日にオープンした。18時からオープニングパーティを行い、３００人以上の招待客が集う盛大なものとなった。

「参加申し込みのお返事をいただいた時に、真っ先に心配したのは、ゲスト用駐車スペースです。３００人ですから、乗り合ってお越しいただく方々を含めたとしても、とてもすべてをミュージアムに収めることはできません。近所の工場や倉庫などに頼み込んで、クルマを駐《と》めさせてもらいました」

それを見たコーンズのスタッフが、「ロールスロイスとベントレーの新車が、ウチで一番大きな本社ショールームよりもたくさん駐まっている」と驚いていた。加須市の市長をはじめ、前出の小林彰太郎、フェラーリやポルシェの収集家として有名なマツダ・コレクションの松田芳穂など斯界《しかい》の権威が集まった。

「小林彰太郎さんをお迎えできたことは感慨深かったです。白洲次郎が戦前のイギリスで新車で購入して乗っていたベントレー3リッターが、現在でも走行可能な状態でイギリスに存在していることを教えてくださり、ミュージアム開設の大きなキッカケになりましたから」

白洲の1924年型ベントレーは、2004年に涌井のもとに来た。

「ロールスロイスとベントレーのクラシックカーを販売するだけでなく、集めたクルマを見てもらいたい。自分一人で抱え込んでしまうのではなく、その素晴らしさを多くの人と共有したい。もちろん、歴史と伝統に触れてもらうことが販売の助けにもなります。そんな想いをずっと抱いていました」

常連顧客も少しずつ増えていた。何台も買い替えたり、複数台を所有して楽しむ人もいた。都心から50キロの道を運転して加須にやって来て、涌井とクラシックカーの話をするだけで満足して帰っていく。そうした顧客たちが集うコミュニティというか、サロンのような場所に育っていった。

創業時の文京区の涌井のオフィスに集まっていたのと同じように、加須に顧客とその仲間たちが集まり、ミュージアムの下地を作っていった。ミュージアムが作られる前は、現在〝ヘリテージ〟と呼ばれている場所に集まっていた。

「ならば、この場所をオープンにして、他の方々も気軽に仲間に入れるようにできないか。そのための施設というか、自動車文化を共有する場のようなものを作れないものだろうか？　そんな想いがミュージアム開設の最も大きな動機の一つになっていきました」

ミュージアムを作ると決めてから、3か月ぐらいかけて建物、敷地の舗装、芝生などを準備していった。専門の業者に依頼したところもあったが、涌井と従業員たち自身で作業したところもあった。

最初に展示するクルマは14台になった。開館時のパンフレットに写真が掲載されている。それを見ながら涌井に思い出してもらったところ、記憶の欠如などが一切なく、すべてのクルマの詳細と入手の経緯などを淀《よど》みなく正確に話せていたのには驚かされた。

以下に、入手した時系列順に14台の車名を列記する。

1960年　ベントレーS2コンチネンタル by H・J・マリナー
1953年　ベントレー・Rタイプ・ドロップヘッドクーペ by グラバー
1967年　ロールスロイス・ファンタムV・ツーリングリムジン by ジェイムズ・ヤ

ング

1929年　ベントレー6½リッター・スピードシックス

1954年　ベントレー・Rタイプ・コンチネンタル by H・J・マリナー

1950年　ロールスロイス・シルバーレイス WFC69 by Freestone & Webb

1921年　ベントレー3リッター by ゲイルン

1924年　ベントレー3リッター（白洲次郎号）

1919年　ロールスロイス 40/50HP シルバーゴースト〝アルパインイーグル〟

1925年　ロールスロイス・シルバーゴースト by ルバロン

1937年　ロールスロイス・ファンタムⅢセダンカ・ドヴィル by フーパー

1937年　ロールスロイス 25/30HP スポーツサルーン by フーパー（吉田茂号）

1960年　ロールスロイス・ファンタムV・ツーリングリムジン by H・J・マリナー

1927年　ベントレー4½リッター〝オールド・マザー・ガン〟

1960年　ベントレーS2コンチネンタル
by H.J.マリナー

1954年　ベントレー・Rタイプ・
コンチネンタル by H.J.マリナー

1953年　ベントレー・Rタイプ・
ドロップヘッドクーペ by グラバー

1950年　ロールスロイス・
シルバーレイス WFC69
by Freestone&Webb

1967年　ロールスロイス・ファンタムV・
ツーリングリムジン
by ジェイムズ・ヤング

1921年　ベントレー3リッター
by ゲイルン

1929年　ベントレー6½リッター・
スピードシックス

1937年　ロールスロイス・ファンタムⅢ
セダンカ・ドヴィル by フーパー

1937年　ロールスロイス 25/30HP
スポーツサルーン
by フーパー（吉田茂号）

1924年　ベントレー 3リッター
（白洲次郎号）

1960年　ロールスロイス・ファンタムV・
ツーリングリムジン
by H.J.マリナー

1919年　ロールスロイス 40/50HP
シルバーゴースト
〝アルパインイーグル〟

1927年　ベントレー 4½リッター
〝オールド・マザー・ガン〟

1925年　ロールスロイス・
シルバーゴースト by ルバロン

1台ずつ購入していったものもあれば、複数台をまとめて一度に手に入れたものもある。相手も、国内外さまざまだった。1988年にアメリカのジム・リックマン・モータースを訪れ、購入した1960年ベントレーS2コンチネンタル by H・J・マリナーから涌井のコレクションは始まった。このクルマは、涌井が日常的にも乗っていて、都内での移動から加須への高速道路走行までオールマイティに活躍してくれていた。

「クラシックカーだから運転していて不安に感じるようなところは皆無で、きちんと整備を施せば実用性は確保できる、とのちのちへの大きな自信となりました」

小林彰太郎氏の助言

ベントレーS2コンチネンタルは、その内外装の意匠と仕上げの素晴らしさ、製造台数の少なさなどから、近年になって人気がさらに高まり、折からのクラシックカー全般の高騰ぶりもあって、現在ではとても高価な相場価格を形成している。

「美術品や骨董品の世界でも〝よいものほど見飽きない、美の発見が続いていく〟と言われますが、このクルマはまさにその通りで、さまざまな魅力と美しさを示し続けてくれました。所有して、日常的に使ってみてこそ感じることができる深みに魅せられました」

涌井が述懐する通り、S2コンチネンタルがコレクションの最初の1台となったことで、その後のコレクションが牽引《けんいん》されていったのかもしれない。

「クラシックカーは新車と違って〝想い続けていれば、いつかは必ず手に入るもの〟なのです。おカネがなければ買えませんが、おカネだけ持っていても手に入れられるとは限らないところがクラシックカーの醍醐味であると再三申し上げた通りです」

ミュージアム開設時の7台ずつ計14台で、ロールスロイスとベントレーの歴史を正統的、教科書的に網羅しているわけではない。あくまでも涌井の価値観と美意識によるプライベートコレクションだ。しかし、14台を前にすれば、涌井はロールスロイスとベントレーがいかなるクルマであって、その魅力がどこにあるかを誰にでもわかりやすく説明することができる。それぞれのメーカーの歴史と伝統を7台ずつに代表させ、涌井なりに〝表現〟したつもりだ。

あくまでも〝ワクイというフィルター〟を通した展示となっているが、それこそがまさにプライベートコレクションというものの勘どころなのだろう。そもそもクラシックカーに限らず、美術品なども含め、あらゆるコレクションとは〝集める〟ことにコレクターの価値観と美意識が作用しているわけで、正統的、教科書的なコレクションというものは存在し得ない。そう標榜しているコレクションもあるが、面白くはない。

ミュージアム開設前に、涌井は小林彰太郎に相談を持ちかけていた。どんなミュージアムを作るべきか？　そのためには、何を大切にしなければならないか？　小林は、世界の自動車博物館事情を引き合いに出しながら、涌井とともに指針を定めていった。

「いろいろと教えていただきながら、準備を進めることができて感謝しています。その結論として、二つを定めました」

• 展示しているクルマは、いつでも走り出すことができるよう〝動態保存〟する。
• 規模の大きさではなく、内容の独自性を追求していく。

それら二つの方針の他、そのクルマの歴史的な位置付けや機械的な特徴などに加え、どんなオーナーに所有され、どのようなエピソードを持っているかという来歴も重視していた。白洲次郎のベントレー3リッターと吉田茂のロールスロイス 25/30HP スポーツサルーン by フーパーなどは、まさにその観点からのコレクションだ。

「日本にあるべきロールスロイスであり、ベントレーだからです」

海外から来たものもあったが、14台の中には新車から日本にあったクルマもあった。何十年も昔に新車でロールスロイスやベントレーを注文できたオーナーだから、普通の人ではない。そうしたオーナーの型破りなエピソードなども、涌井は求められれば明らかにしていた。

「ミュージアムを開設できてよかったと思えることが、もう一つあります。それは、コレクションを公開することによって、地元・加須の人たちと近づけるようになったことです」

それまでも、ロールスロイスとベントレーのクラシックカー販売店と認識されてはいたが、ミュージアムを名乗るようになってからは誰でも見学できるようになった。以前から、涌井は何らかのかたちで加須に貢献できたらいいと考えていたが、ミュージアム開設によって願いが叶《かな》った。開設当時の加須副市長がクルマ好きで、小学校の課外授業の一つに組み込んでくれたり、涌井を加須市の観光大使に任命したりした。地域との結び付きが増えていったのもミュージアムを開設してからのことだった。

準備している最中に、小林から訊ねられたひと言が忘れられないという。

「これだけのクルマと場所があるのでミュージアムは作れるでしょう。でも、涌井さん、覚悟はありますか？　作るのは簡単だけれども、維持することは難しい。維持できたとしても、20年先、30年先、あるいは50年先にはどうするつもりなのか？『集めた以上は責任が伴いますよ』。小林さんは、そう質したかったのかもしれません。

創業時に『日本人には売りたくない。クルマがどうされてしまうかわからないから』と外国のコレクターや業者から断られることが多く、その悔しさをバネにして商売を続けてきました。ミュージアム開設によって、想いを遂げられたようなものでしたが、『まだその先にずっと続いていくのですよ』と小林さんに諭されたようなものです。今でも、私の胸中に響いています」

第8章　機械遺産の継承を手伝う

継承していくことの意味

ワクイミュージアムでは、販売部門を〝ヘリテージ（Heritage）〟と呼んでいる。

ヘリテージとは、「受け継いだもの、代々継承していくべきもの、遺産」などという意味があり、涌井は、販売するクルマには、その意向を込めている。クラシックのロールスロイスとベントレーを販売するということは、単に古い中古車を販売するということではない。〝自動車文化の伝統を継承する〟ことに他ならないからだ。

「ヘリテージに並んでいるクルマたちは、新車のように工場から仕入れたものではなく、どこかで誰かが大切に乗っていたものです。それも、移動のための実用車（と謙遜して嘯《うそぶ》く人もいますが）として乗っていたわけではなく、愛情を注ぎ込む対象として大切にされていたわけです。存在している意味としては、美術品と何ら変わるところがありません」

実用にしか用いられないクルマは、寿命を迎えるとスクラップとしてかたちを変えて再利用されてしまうが、クラシックカーはスクラップにはならない。オーナーは何人、何世代と代わっていっても、クラシックカーは永遠に存在し続ける。

「まさに、当ミュージアムがヘリテージと称している理由はそこにあります。私どものミュージアムも含め、クラシックカーのオーナーというのはそのクルマの〝一時預かり人〟に過ぎません。たまたま今、そのクルマは自分の手元にあるけれども、それはもともと誰かからやって来たものだし、いずれ自分が乗らなくなった時には、また別の誰かに託すことになります。美術品がそうであるように、クラシックカーもまた人類全員の宝であると私たちは考えています。『俺のカネで買ったクルマだから、俺がスクラップにしようが、どうしようが俺の勝手だ』。そんな暴論が許されるはずはありません」

バブル期に、ルノワールとゴッホの絵画をそれぞれ100億円以上で購入した日本の大会社の名誉会長が「私が死ぬ時は、一緒に棺桶《かんおけ》に入れて燃やして欲しい」と語り、世界中から非難を浴びたことを憶えている人もいるだろう。あの騒ぎは、バブルという時代ならではのものだった。今は人類共有の財産である美術品にそのような暴言を吐く人はいないと思うが、それだけ人々の意識も変わったのだ。

「失われてしまったら二度と手に入らない、人類共有の機械遺産、産業遺産であるクラシックカーを継承するお手伝いをさせていただくつもりで、当ミュージアムを運営しています。そのためには、売りっ放しにするのではなく、いつか次のオーナーに引き渡される時のことも必ず忘れないように臨んでいます」

具体的には、納車する時には必ず次のように顧客に申し伝えている。

「もし手放されるような時にはご一報ください。ウチが買い取らせていただくか、次のオーナーさんをご紹介させていただきます」それは「オーナーさんは、買う時は気持ちが高揚していますから、それこそ一生大切にするつもりでいます。でも、その雰囲気に流されることなく、手放す時には対応させてもらうことを、言い忘れてしまってはいけません。お付き合いは、そこから始まるから」だ。

実際、涌井は納車した後も、イベントに招待したり、一緒にツーリングに出かけたり、情報を提供するなど、クラシックカーで思う存分楽しんでもらうための手伝いをしている。

「それが我々の役割だからです。だから、購入してもらって納車がゴールなのではなく、むしろ納車はスタートなのです」

顧客をめぐり歩き、三度戻ってきた名車

併せて、継承についてもサポートしている。納車した顧客が、いつの日かそのクルマを手放す時にも責任を持って手伝っている。販売したクルマを再び下取る時には、必ず相場に準じた価格で買い戻すことにしている。適正な価格で買うことが、顧客の安心と信頼につながるからだ。

同じクルマを複数の顧客に販売したことも珍しくない。創業以来、涌井は約600台を販売してきたが、そのうちの半数近くはそうしたクルマだ。中には10年間で5回売買したものもあった。

「そのためには、よい状態のクルマを仕入れ、入念なメインテナンスを施し、納車後も定期的に点検整備を怠ることなく、オーナーさんとコミュニケーションを密に取り、良好なコンディションを保ち続けなければなりません」

そのクルマがどんなクルマで、どういうコンディションにあり、顧客はどのように乗っているのかなどを知り尽くしておく必要があるからだ。すべて、オーナーが代わっても、変わらぬクラシックカーの価値を次のオーナー、次の世代に継承していくためだ。

「一つ例を挙げますと、当ミュージアムにはベントレー・Rタイプ・ドロップヘッドクーペbyグラバーがあります。1953年製オープンボディの2ドア4座席クーペです」

このグラバーは1974年に大手総合商社の伊藤忠が輸入し、あるレーシングドライバーが購入したものだった。その後、レース活動資金を捻出するために売りに出された時に、涌井が購入した。戦後に造られたクルマだが、戦前型のエレガンスを持ちながらスポーティなスタイリングに魅せられた。販売するつもりはなく、涌井の個人的なコレクションの1台として買った。しかし、その後に得意顧客Aから「売って欲しい、売って欲しい」と再三にわたって頼まれて譲った。

その数年後、その得意顧客Aは、同じく戦後の、クラシック・ベントレーの大看板であるコンチネンタルを所望するようになった。そこでグラバーを下取りにして、ワクイミュージアムのコンチネンタルを購入した。ほどなくして、今度はグラバーを得意顧客Bが購入することとなり、さらにその数年後、Bは別のクラシック・ベントレーを購入するためにグラバーは下取られ、三度、ワクイミュージアムに戻ってきた。グラバーをめぐって、得意顧客AとBはそれぞれ同じように、他のクラシック・ベントレーも乗りたくなって買い替えた。

1953年製のベントレー・Rタイプ・ドロップヘッドクーペ by グラバー

別のパターンもあって、顧客が高齢になって体力的に乗り続けられなくなったり、逝去したりする場合もある。当人や遺族から依頼を受け、引き取りに向かう。その際も、購入時の約束通りに相場に準じた金額を支払い、そのクルマを大切にしてくれる次のオーナーを見つけることを約束して引き受けてくる。中には、「クルマは故人の形見だから手放したくないのだけれども、ガレージにずっと置いておくわけにもいきませんので……」と断腸の思いで手放す決心をした遺族もいる。

「そういう時は、こちらも思わずもらい泣きしてしまいます。それがご逝去の10年後だったり15年後だったりしたこともあります。当然だと思います。人の命には限りがありますが、クラシックのロールスロイスとベントレーは永遠です。クルマと美術品の違いはありますが、ルノワールやピカソの絵画と変わりません。持ち主が代わっても、その魅力と価値を変わらずに輝き続けさせるためのお手伝いをするのが我々の使命なのです」

中古車販売部門をヘリテージと彼らが呼ぶのは、そんな意向が込められているからだった。

形見として13年間、ガレージに眠っていたベントレー

クラシックカービジネスほど、景気の影響を大きく受けるものはないだろう。クラシックカーは通勤や買い物などの実用には適していないばかりか、楽しむには相応の資金と時間が必要になる。つまり、余裕のある人にしか楽しめない趣味だ。

「自分の30年を振り返ってみると、その時代時代で景気のよい人たちがクルマを買ってくれていました。私も結果的には、そうした人たちばかりを相手にしていました」

クラシックカーのオーナーたちにいくら余裕があるといっても、リーマンショックの影響は甚大だった。顧客からの引き合いや問い合わせがピタリと止まり、点検や整備などの依頼も途絶えたほどだった。そんなことは初めてだったので、どうやったら以前の状態に戻すことができるのか、涌井にも見当が付かなかった。

点検や整備にクルマが入ってこないわけだから、工場もヒマになった。メカニックたちも、最初のうちは工場の清掃や工具、機械類のメインテナンスなどを行って備えていたが、次第にやることがなくなってしまった。涌井は、その状況を手紙に書いて顧客に伝えようと、ダイレクトメールを発送することにした。

こんにちは、〝くるま道楽〟の涌井です。おクルマは、快調に走っておりますでしょうか？　昨今の状況により、工場のメカニックがヒマにしております。点検や整備などもすぐに取りかかれますので、ご用命ください。また、時間に余裕がありますので、お好みの仕様へのモディファイなども、ふだんなかなか取り組めなかったような仕事などもすぐに着手できますので、何なりとお申し付けください。

工場がヒマだというのは経営的にポジティブなことではないので最初は躊躇していたが、思い切って発送することにした。出してよかった。すぐに、顧客から返信や電話をもらったからだ。ある人物の手紙に、涌井はハッとさせられた。

涌井さん、ご無沙汰しております。お手紙ありがとうございました。懐かしい気持ちで読ませていただきました。あの後、私はいろいろありまして、残念ながらクルマは処分してしまいました。そのことを報告したかったのですが、手放してしまってはもう涌井さんに会わせる顔もなく、お店にも足が向かなくなってしまいました。また、いつかロールスロイスに乗れる日が来るとよいのですが。その時は、よろしくお願いいたします。

手がけている事業が上手く運ばなくなり、会社とともにクルマも整理したようだった。しかし、その後に立て直して、涌井からまたクラシックのロールスロイスを購入してくれた。

また、もう一つの例は顧客が不幸にして亡くなり、連絡が途絶えてしまった方の話だ。

「今から20年ほど前に1978年型のベントレー・コーニッシュをお買い上げいただき、13年前にお亡くなりになったお客さまがいらっしゃいました。亡くなられたことは知りませんでした」

その娘さんから、没後13年経って電話がかかってきた。

「父からは『私が死んだら、クルマは涌井さんのところへ持っていけ』という遺言を預かっていました。しかし、父が生前に大切にしていたクルマなので、しばらくは手をつけませんでした。母も形見のつもりに思っていました」

しかし、気持ちの整理もついたので、涌井のところに電話をかけてきたのだった。涌井は、そのクルマのことも顧客のこともよく憶えていたので、すぐに自宅を訪問した。13年ぶりに家族と一緒にガレージを開けてみた。13年間ガレージを開けなかったというところに、遺族の想いが表れているような気がした。

トラックに載せて工場に運び、レストアするのに半年かかった。完成の連絡を入れると、娘は母親と自分の子供を連れ、三世代でミュージアムにやって来た。

「子供の頃、父が運転するこのクルマに乗って、ラリーに出場したのを憶えています」

レストアが完成したクルマを眺めながら、娘は往時を懐かしんでとても喜んでいた。母親は言葉少なげにクルマを見ていたが、その瞳には涙があふれていた。

「ずっと残しておきたかったのですが、家族には引き継いで乗る者もおりませんので、どなたかいらっしゃればよいのですが……」

涌井が預かることにして、半年後に売れた。

「どちらの例からも、私は強く感じるものがありました。それは月並みな表現ですが〝お客さまとのコミュニケーションを絶やさない〟ということ、そして〝こちらからも積極的に連絡を入れることが大切〟ということです。具体的には、以前にクルマを売ったお客さまで、その後、やり取りがなくなってしまった方々にこちらからアプローチしてみるのです。さまざまな事情からクルマを手放してしまった方々へも、こちらから声をかけ、関係を絶やさないでおくことがいかに大切かということを強く自覚しました。手紙のお客さまのように〝会わせる顔がない〟と遠慮されてしまっている方もいらっしゃるのです。関係が途絶えたかに思えた方々の中にも、状況が好転して、またお付き合いさせていただくことになる方もいらっしゃいます。最近のお客さまだけでなく、以前のお客さまのフォローも忘れません。お客さまに〝もう行けないんじゃないか〟と気を遣わせちゃダメなのです。そこがクラシックカービジネスの難しいところであり、また醍醐味でもあります」

二人の例は偶然によるものだった。しかし、涌井から連絡を入れ、クルマの様子をうかがう訪問活動を始めようと考えているという。目の前に仕事や商談として現れているクルマと顧客だけでなく、世に埋もれたクルマに再び日の目を見させることもまた、クラシックカーを後世に継承するために欠かせないと考えるようになったからだった。

第9章　クラシックカーと自動車メーカー、そしてＣＡＳＥ

自動車メーカーがクラシックカー復刻に取り組む意味とは？

新車を製造し、販売することが業務だから、自動車メーカーはこれまでクラシックカーには直接的に関与してこなかった。クラシックカーは、あくまでも〝過去の製品〟として保存し、ミュージアムを有していればそこに展示し、たまのイベントなどで走らせるぐらいだった。

しかし、近年では自動車メーカーも姿勢を変えてきていて、これまでと異なった角度から積極的にクラシックカーに取り組み始めている。

その中でも、挑戦的かつ本格的なのがベントレーだ。2019年9月、ベントレーはクラシックカーにまつわる新しいプロジェクト「コンティニュエーション（継続）プロジェクト」を発表した。

1929年にティム・バーキン卿の依頼によってレースのためにまず4台だけ製造された「ベントレー・スーパーチャージャー付き4½リッター〝ブロワー〟」という稀少なクルマを現代の技術によって蘇《よみがえ》らせようというものだ。4½という表記はイギリス流で、

2019年にベントレー社が発表した「コンティニュエーション（継続）プロジェクト」によって製造される「4½リッター〝ブロワー〟」（上）と、そのダッシュボード（下）

排気量が4・5リッターであることを示している。

ブロワーとはエンジン過給機のことで、排気量4・5リッターの直列4気筒エンジンにブロワー（過給機）を取り付け、各部を補強して高出力に備えている。「4½リッター〝ブロワー〟」は、普及版の「4½リッター」というモデルの高性能版に相当し、「ブロワー・ベントレー」とも呼ばれている。

4½リッター〝ブロワー〟

はワクイミュージアムでも2台所蔵したことがあった。4½リッター〝ブロワー〟は1930年のル・マン24時間レースに参戦し、優勝は逃したものの、ベントレーのスポーツイメージを確立した重要なクルマであり、戦前のベントレーを代表する1台である。

このプロジェクトがとても興味深いのは、100年近く前に設計・製造されたクルマを、最新鋭のデジタル技術を用いて、つまり違った製造方法でもう一度製造してみようという試みだという点である。〝新しい方法で新しいクルマを造る〟のではなく、〝新しい方法で昔のクルマを再現しよう〟としている点が画期的なのだ。

それも、コンセプトカーや展示専用というものではなく、エンジンなどのメカニズムもまったく同じものを造って搭載されるので、ガソリンを入れれば実際に走ることができる。

そしてそれを、2年間で12台を限定生産して顧客に販売するというのだから、さらに驚いてしまう。「継続」という意味を込めた〝コンティニュエーション〟シリーズの第1号車、続く「スピードシックス」も第2弾としてベントレーは発表している。

コンティニュエーションシリーズ第1弾は次のような手順で製造される。まず、ベントレーが所有しているシャシーナンバー「HB3403」というオリジナルのブロワー・ベントレーを、パーツ一つずつに分解する。それらを3Dスキャナーで測定し、丸ごと1台分のすべてのパーツをデジタルデータ化する。美術品や稀覯本《きこうぼん》などをデジタルデータ化し、保存しようとするのと同じ考え方だ。

次に、そのデジタルデータを基にして3Dプリンターで削り出せるパーツは削り出し、そうではないものも製作して、すべてのパーツを複製する。

そうして新たに製造されたパーツを、オリジナルモデル製造時に使用された1920年代の金具と治具、工具などを用いて組み立て、12台の新しいブロワー・ベントレーが誕生するという流れとなる。12台は、言ってみればクローンである。ベントレーは、次のように発表している。

「12台の復刻モデルは、メカニカルな面もルックスの面も、そしてオリジナルが持つスピリットでさえも、可能な限り当時のままを引き継ぎます。安全性に関してのみ、目立たない部分でわずかに現代のシーンに合わせた変更が加えられます」

バラバラにされたシャシーナンバー「HB3403」のオリジナルモデルは、言うまでもなく丁寧にメインテナンスを加えられた上で元の姿に戻される。

これは画期的だ。これまでもジャガーやアストンマーティンなど、自動車メーカーが過去の自社製品を復刻する例はいくつかあった。それらと較べて、このベントレーのコンティニュエーションシリーズのブロワー・ベントレーは徹底している。

ベントレー自らと、スペシャリストであるマリナー（かつてのコーチビルダーであり、現在は特別仕様車やデザインを施すベントレーの一セクション）とが有する伝統的なクラフトマンシップとノウハウだけでなく、そこに現代的な最先端テクノロジーである３Ｄスキャニング技術を組み合わせたところに大きな意味と意義とが込められている。

「ブロワー・ベントレー」が生み出された１００年前の時代から続く伝統的な手法による修復や複製によってクラシックカーの生命を生き長らえさせることは大切で、その意義は大きい。修復や複製作業を継続していかなければ、技術そのものの継承も覚束《おぼつか》なくなってしまうだろう。

だが、そこに21世紀のデジタル技術による方法が加わることによって、クラシックカーの保存や楽しみ方などを革新することも可能になってくる。従来の好事家やアカデミックな方向からの興味と関心だけでは、クラシックカーは歴史の流れに埋もれてしまう。これまでの伝統的な手法と新しいデジタル技術を融合させることで、ベントレーは100年前に自ら製造したクルマを寸分違《たが》わずに蘇らせ販売する。この〝融合〟が今日的で、特別に重要な意味を持っているのだ。

ブロワー・ベントレーの価格は公表されていないが、ベントレー関係者に訊ねると「2億円ぐらいではないか」とのことだった。年間に1万数千台を製造しているベントレーにしてみれば、12台は微々たる台数だ。ベントレーの第一の目的は12台の販売利益にあるのではなく、クラシックカーに新しく取り組んでいる姿勢を広めることと、最新デジタル技術でクラシックカーを再製造する可能性を検証することにあるのではないか。

移動のためのクルマと、趣味のクルマの二極分化が進む

ここで、ベントレーの狙いとその背景について考えてみたい。

近年、クルマの近未来が取り沙汰される場合に、CASEという言葉をよく見かける。CはConnected（コネクテッド、インターネットへの常時接続）、AはAutonomous（運転の自動化）、SはShared & Service（シェアリング&サービス）、EはElectric（電動化）を表して

いる。

もともとは、2016年9月のパリ自動車サロンで、ダイムラーのディーター・ツェッチェCEOが、「C」と「A」と「S」と「E」をまとめて「CASE」と呼んだことが始まりだった。

これからの自動車は、パワートレインの電動化と運転の自動化を推し進め、さらにインターネットと常時接続されることで交通インフラなどともつながることによって、自動化がより高度なものとなっていく、という見立てだ。

また、高度に自動化されたクルマはシェアリングの普及も促し、これまでのようにクルマを〝所有〟するのではなく〝使用〟するものとなっていくとも言われている。

四つの課題はそれぞれ、デジタル技術とインターネット接続の進化によって推進されるものだが、それによってドライバーの負担と事故と渋滞が減り、大気汚染なども減少する。

自動車というものが生まれて以来、宿命的に付随してきたネガティブな要素が劇的に解消されるわけだから、この流れに反対する理由を自動車メーカーは持ち得ない。移動手段としての自動車が大きく進化するわけだから反対する理由がない。

涌井も、ＣＡＳＥが推進されることに賛成している。

「一人のクラシックカーを愛するものとしても大歓迎です。これからの自動車が、純粋に移動のためのものと、趣味の対象とに明確に分かれるのはとても好ましいからです。機械遺産、産業遺産としてのクラシックカーの価値を次世代に継承していくために、伝統的な技術とデジタル技術を併せて用いて復刻を行うのは意義深いことですね」

ベントレーをはじめとする自動車メーカーが過去の製品を復刻する意図も、まさにそこにあるのだと考えることができるだろう。

ＣＡＳＥの時代となっても、１３０年を誇る自動車の歴史と伝統を継承することを重視し、ビジネスに活用しようとしている。

「今後、Apple や Google のようなデジタル関連企業がＣＡＳＥを足がかりにしてクルマを造るようになるかもしれません。そうなった時を見越して、〝クルマはクルマ屋に任せろ！〟と言わんばかりに気概を示しているように私には見えます」

つまり、近い将来にクルマは二極分化するということではないだろうか？

ＣＡＳＥが推進された近未来のクルマは実用のための〝完璧な移動体〟となり、ベントレーのコンティニュエーションプロジェクトで造られるブロワー・ベントレーやクラシックカーなどは、持つこと、所有すること、楽しみのために走らせる趣味や愛玩《あいがん》の対象となって分かれていく。

だから、両者は決して交わることがない。それぞれの存在価値と存在意義がより明確になっていくから、クラシックカーは顧みられなくなってしまうのではなく、反対に輝きを増していく。涌井がクラシックカーを機械・産業遺産として継承しなければならないと主張している理由も、そこにある。

「これから、自動車は今まで以上のスピードで進化していくのでしょう。高度に進化したクルマから見れば、クラシックカーは過去の遺物にしか見えません。しかし、クラシックカーの延長線上に未来のクルマもあるのではないでしょうか。デジタルが駆使され、技術的には何の関連もないように見えますが、文化としては近未来のクルマとクラシックカーはつながっています。自動車文化の遺産として、クラシックカーを未来の人々に受け渡さなければならないと私は考えています」

ロールスロイスやベントレーのような超高級車でなくても、あるいは戦前型のように昔のものでなくても、古いクルマの人気は全世界的に高まっている。１９９０年代に製造された日本車でも、海外で取り引きされる価格が急騰し、日本から多くが輸出されているほどだ。

古いクルマを慈しむ気運の高まりは、急激なＣＡＳＥの進展によって、今後の自動車がこれまでと大きく様変わりしていくことと表裏一体を成しているのではないか。

クリーンで、事故を起こさず、疲れることなく間違いなく目的地に到達できて、利用したい時だけ使っても構わないようになるが、その代償としてすべてが監視され、管理されてしまう。移動や運搬の手段としては、そのように進化したクルマを歓迎する人の方が圧倒的多数だろう。

しかし、それと引き換えに、複雑な機械を操りながら自由に移動するという人間の根源的な欲望は大幅に制約されるに違いない。すでに、ロンドンをはじめとするヨーロッパ諸都市では、２０２５年以降はＥＶ（電気自動車）およびＥＶモードを持つプラグインハイブリッド車以外は中心部を走れなくなる。

また、フランスでは２０２１年に、クルマのＣＭには「相乗り」「短距離は徒歩か自転車で」「なるべく公共交通機関に乗る」ことを推奨する文言のいずれかの掲載義務化が法律で可決された。この文言の通りならば、たとえ最新鋭の自動化が施されたEVであっても、クルマは自由気ままに乗れるとは限らなくなる。すべてのクルマが公道のどこでも構わずに走れる時代は終わりを告げようとしているのだ。

であるがゆえに、涌井も言うようにクラシックカーは滅びてしまうのではなく、これから存在感を増してくるのだ。同じクルマといっても、ドライバーがすべての運転操作を忙しく、上手く行わないとクラシックカーを走らせることはできないから、日本のオートマチック限定免許では運転できない。トランスミッションに限らず、現代のクルマにはあらゆる自動化や電子制御化が施されているから、それしか運転したことのない人にクラシックカーは運転できない。現代人が馬に乗れなくなったのと同じことが、すでにクルマでも起きているのだ。乗馬教室で馬の乗り方をコーチに習うように、いずれは自動車教習所のクラシックカーコースで昔のクルマの運転方法を習うようになる。クラシックカーは乗馬のような存在になっていく。

第10章　クラシックカーの楽しみ方

日本でも行われているクラシックカーラリー

絵画や彫刻などの美術品の楽しみ方は、眺めて鑑賞するだけだけれども、クラシックカーの楽しみ方はさまざまだ。

まず、門外漢にも想像できるのは、運転して競うレースやラリーだろう。

サーキットならば、公道と違って思う存分にスピードを出して競走することができる。たとえ相手と競うことがなかったとしても、サーキットならばドライビングに集中してクルマとの対話を楽しむことができる。レースで競い合うのではなく、各種のスポーツ走行会に参加してサーキットを走るだけでも非日常感は味わえる。それは一部区間の公道を閉鎖して行うラリーも同様だ。

ラリーというのは、はるか中世に起源を持つ。領主が配下の騎士たちの忠誠心を試しながら鍛錬するために、ある時に城下への集合の号令をかける。経由地や持参物など、年によって条件がさまざまに設定され、指定通りに最も早く着いた者が勝者として称《たた》えられる。

この精神が最も再現されているのが、世界ラリー選手権（ＷＲＣ）の１９９７年までのラリー・モンテカルロだろう。モナコ公国のモンテカルロを目指して、ヨーロッパ各地からラリーカーが集まる形式が採られている。ノルウェーのオスロ、イギリスのロンドン、ロシアのモスクワ、ポルトガルのリスボンなど、ヨーロッパの各都市がスタート地点に指定され、指定された時間内にモンテカルロに集合することが求められる。

モンテカルロに集合した後には、近郊の山中などを封鎖してスペシャルステージと呼ばれるコースでスピードを競う。集合する過程（リエゾンと呼ばれる）とスペシャルステージを合わせた成績で総合優勝が決まる点が、サーキットを速く走り回るだけのレースよりもラリーを複雑なものにしている。

ラリー・モンテカルロのような世界選手権ともなれば先鋭化し、指定されるコースを指定された時間内に走り切らなければならないため、走りはとても厳しいものとなる。だから、専用に造られたラリーカーに世界最高レベルのドライバーとナビゲーターが乗り込み、コースを下見し、ペースノートを作成し、出口が見通せないコーナーでも構わず恐ろしいスピードで突っ込んでいく。ドライバーの操縦だけでなく、ナビゲーターの洞察力も強く試される競技だ。時には重大な事故も発生する苛烈さはサーキットのレースと変わらない。

クラシックカーのラリーも、原理は一緒だ。スタート地点からゴールまで、ナビゲーターが最適なルートを見つけ出し、ドライバーは指定した時間内にゴールできるように走る。開催者は、ルート上にさまざまなトリックを設定するから、それに惑わされないようにルートを見つけ出していくゲーム性もある。それは、サーキットのレースにはない。

クラシックカーでのラリーは昔のクルマを使うのでペースは遅くなるが、真剣勝負となることに変わりはない。ラリー・モンテカルロに出場していたクラシックカーだけで競われる「ラリー・モンテカルロ・ヒストリック」は本格的だ。

ラリーのバリエーションとして、「ラリー・レイド」と呼ばれるアドベンチャー系ラリーもある。有名なのは、以前行われた「パリ・ダカールラリー」で、フランスのパリからセネガルのダカールまで、長距離を下見なしでキャンプしながら毎日競い合った。クラシックカーで競うラリー・レイドもいろいろと開催されている。「パリ・北京《ペキン》ラリー」などという長大なものもあった。

日本でも、クラシックカーで競うさまざまなレースやラリーが盛んに行われている。ラリーでは、「ラ・フェスタ・ミッレミリア」が２０２２年で開催25回を数えた。２０

21年の24回大会では、9月24日に福島をスタートし、27日の東京湾アクアライン海ほたるがゴール。1920年型のブガッティT13ブレシアから、1969年型のアルファロメオ・GT1300ジュニアまで、73台のクラシックカーにドライバーとナビゲーターが乗り、4日間でのポイントを競って総合優勝が決められる。

年式や性能が大きく異なるクルマで競われるために、単純に速さだけでは決まらない。決められた区間を、決められた時間で、秒単位で過不足なく通過することが求められたり、ナビゲーターのルート探索能力が求められたりもする。2021年度の大会では、戦後型のフェラーリやポルシェなどを抑え、優勝したのは1928年型のブガッティT40だった。

ラ・フェスタ・ミッレミリアの果たした意義

涌井は1997年の第1回から、13回連続でラ・フェスタ・ミッレミリアに参加している。

「私はコレクションの中のベントレーやロールスロイスで、一参加者として競技を戦いましたが、ワクイミュージアムからはサポートトラックを2台とバン1台にメカニックを5

名派遣していました。ウチのお客さん以外の参加者のクルマの面倒を見ることを主催者から要請され、メカニックたちは半ばオフィシャル的な立場で忙しく働いていました」

ワクイミュージアムのメカニックたちは、最後のクルマがスタートした後に出発し、途中でトラブルを起こして路肩に止まっているクルマを見つけては応急修理を施し、1日のゴールを終えてから、重整備に取り組む。日によっては徹夜もしていた。

第1回が開催された時はまだ、公道をクラシックカーで競い合うなどということは一般的ではなく、道路使用許可を所轄警察署から取得するのも容易ではなかった。

「今では、公道を使ったクルマのイベントは珍しくなくなりました。ラ・フェスタ・ミッレミリアが滞りなく実施され、回を重ねるごとにその意義が認められたことの影響も大きかったからでしょう。昨今では、春から秋にかけての毎週末必ず全国のどこかでクラシックカーのイベントが開催されるようになりました。隔世の感があります」

たしかに、クラシックカーに限らず、以前は「クルマのイベントをやりたい」と道路使用許可を警察署に申請しようとしても、「暴走族の集まりだろう」と誤解されて、まったく取り合ってもらえなかったという話はよく聞く。一般的な理解もなかった。それが今では、クラシックカーと言うと「素敵なご趣味ですね。昔のものを大切にするっていいですね」と返されるようになった。この30年近くの間に、日本の自動車文化は成熟し、クラシックカーをめぐる状況は大きく変わった。

「状況の変化は、ラ・フェスタ・ミッレミリアに出場するようになって、反応でわかるようになりました。以前は、物珍しい感じで見られていましたが、今は心から喜んで見てくれている様子が顔に表れていますから。愛好家でない人にとっては、クラシックカーというものは知っていても、実物を見ることは限られていました。ラ・フェスタ・ミッレミリアは第1回の福島以降、日本全国を舞台に開催されましたから、実物のクラシックカーが走る姿を全国の人々に披露できました。その効果は、とても大きかったと思います」

総合的に判断しても、ラ・フェスタ・ミッレミリアが日本のクラシックカー文化に果たした役割はとても大きかったと涌井は断言している。

「当初は、〝イタリアのものまねじゃないか〟などと揶揄《やゆ》されたりもしていましたが、日本のクラシックカーシーンにすっかり定着しました。オーナーたちには走る機会と同好の士と集う喜びを提供し、コース沿いの地元の人々には稀少なクルマが走る姿を見てもらっています。最初の頃は、すでにロールスロイスやベントレーを所有しているお客さんが、走る機会の一つとして参加していました。しかし、回を重ねてくると、〝あのラ・フェスタ・ミッレミリアに出場したいから、それにふさわしいクルマを買いたい〟という問い合わせを頻繁に受けるようになりました。正反対ですね。参加の動機付けに幅が出てきたのです。イベントとして成功し、定着した証《あかし》ではないでしょうか」

今ではラ・フェスタ・ミッレミリアのような本格的なものに限らず、大小さまざまなクラシックカーのイベントが春から晩秋にかけての週末や連休に、日本全国のどこかで必ず開催されている。

筆者も、２０１７年10月に岩手県立博物館で行われたクラシックカーイベントのプレ大会にオブザーバーとして参加し、翌年以降の本格開催に関して意見を求められたことがある。主催者たちの意向は、古いクルマを通して歴史を振り返るというものだった。特別にアカデミックでも、マニアックでもなく、クルマを人々の日常とともにあるもの、誰もが親しめるものとして振り返る企画を進めようとするものだった。プレ大会には、輸入車と日本車が二十数台集まっていた。ロールスロイスやベントレーこそ参加していなかったが、ほぼ完璧なオリジナル状態を保った1971年型の日産スカイラインGT-Rを県下で25年前から所有している夫妻が注目を集めていた。

首都圏でも多くのイベントが行われていて、どれも盛況だ。休日の朝、公園の駐車場などに自然発生的に集まるオフ会もあちこちで開かれている。クラシックカー趣味は、さまざまなかたちで広まっていっている。

クラシックカーならではの品評会、コンクール・デレガンス

〝本家〟のミッレミリアとは、1927年から1957年までイタリアで行われていた公道レースだ。北のブレシアをスタートし、南のローマで折り返し、再びブレシアに戻る1000マイル（イタリア語で、ミッレミリア）のコースを、戦前はアルファロメオやフィアット、マセラティなどが、戦後に入ってはフェラーリや、イタリア勢以外でジャガー、ポルシェ、ブガッティ、アストンマーティン、メルセデス・ベンツやアウトウニオンなど、ヨーロッパの自動車メーカーがこぞって参戦していた。

ところが、事故が続いたため1957年に中止され、20年後の1977年にクラシック

カーラリーとして復活した。これには1927年から1957年までのミッレミリアに参戦していたマシンと同じクラシックカーだけが参加を認められる。ちなみに、日本やアメリカで行われているミッレミリアは、イタリアの主催者から承認を受けて開催されている。

一方、運転することなくクラシックカーを楽しめるイベントが、コンクール・デレガンスだ。これはそのクルマが造られたオリジナルの状態をいかに維持、復元できているのか。また、内装やボディカラーなどが変更されているにしても、当時の雰囲気や仕様などをいかに再現できているかなどを競う品評会だ。

規模の大きなものは公開され、多くの集客を見込めるイベントになっている。ワクイミュージアムのベントレーやロールスロイスなども招待されたアメリカのペブルビーチ・コンクール・デレガンスや、イタリア・コモ湖畔のコンコルソ・デレガンツァ・ヴィラ・デステなどは世界的に有名で、スポンサリングする企業も多く集まり、規模は拡大していくばかりである。

コンクール・デレガンスは走行性能を競うのではなく、デザインや仕立て、クラフツマンシップ、来歴やエピソードなどに焦点を当てるクラシックカーならではの催し物で、ワクイミュージアムは、2007年、2009年、2010年に開催された「東京コンクール・デレガンス」に参加した。

どの回にも複数台をエントリーして、いくつもの賞を受賞しているが、第5章で詳しく書いた1950年ロールスロイス・シルバーレイスWFC69 by Freestone & Webbや1921年ベントレー3リッター by ゲイルンなどが表彰されている。

涌井は、それ以外のコンクール・デレガンスにもいくつか参加したことがあった。ワクイミュージアムの顧客を誘って参加してもらい、涌井は当日にクルマを解説して手伝ったりした。

「コンクール・デレガンスは走らせるイベントではありませんが、クラシックカーならではの楽しみ方ができます。クラシックカーをアートピースの一つとして愛でるコンクール・デレガンスは、日本でももっと盛んになってもよいですね。楽しみの幅が広がり、世の中への認知も進むでしょう」

コンクール・デレガンスとかしこまらなくても、近年は、東京・神宮外苑《がいえん》の銀杏《いちょう》並木通りや江東区の若洲海浜公園、代官山蔦《つた》屋《や》書店などで、休日の朝、自然発生的にクラシックカーが集まるオフ会が行われている。これも、形式張らないカジュアルなコンクール・デレガンスのようなものだろう。一人で楽しむこともできるが、同好の士と集って語らい合うのも、またクラシックカーの大きな楽しみの一つだ。

過熱するクラシックカーオークションの弊害

クラシックカーのオークションも日本で開かれるようになった。本来は販売のためのものだが、欧米で行われているものは規模も大きく、インターネットでライブ中継されているものも現れたりして、以前よりは一般のファンでも気軽に会場の雰囲気を楽しめるようになってきた。

近年のクラシックカー相場の高騰ぶりに、オークションの果たしている役割は小さくない。国内外のクラシックカーのオークションで、〝1961年型のフェラーリ250GTが史上最高の20億円で落札！〟などとニュースで報じられることも増えた。これらも、クラシックカーの一般の人への認知が高まるキッカケになっているだろう。

「しかし、我々愛好家や業者にとって、最近の過熱ぶりが必ずしも歓迎できるとは言えないのもまた事実なのです。それは過熱ぶりがもたらす価格の高騰です。値上がりは悪いことではないのですが、値上がり目的だけの投資家が増えてしまうことが心配です」

実際に、クラシックカーを対象として投資を募っている会社もある。同じように、アート作品も投資の対象とされていることがある。

「価格の高低だけでクルマを判断する人が増えてしまうと、マーケットが荒れます。急な高騰によって愛好家が買えなくなってしまい、投資家は転売のためにガレージに仕舞い込んでしまう残念な例を今まで何台も知っています」

投資家の目論見通りにクラシックカーが値上がりしても、次のオーナーの手に渡って、よい状態の下で時々乗られたりするのであれば、涌井も何も言うことはない。だが、投資なので上手く運ばないこともあるわけで、人知れず死蔵され続けたり、知見のない第三者によって維持管理が行き届かず、後の祭りとなってしまうことを憂えているのだ。実際に、そうした例に遭遇したこともあった。

「大袈裟ではなく、クラシックカーは人類全体のものであり、オーナーは一時預かり人に過ぎないという認識を持ってくれている投資家もいますが、そうではない人もいるのです。

そうした人々が、オークションによってクルマを売買しています。オークション会社はクルマの価格が競り合って上がった分、自分たちが受け取る口銭が増えますから、煽《あお》ることはあっても、諫《いさ》めることはありません。オークションによってクラシックカーの世界がより一層秩序を以《もつ》て活性化することを私は望んでいます」

言葉を選びながら、涌井はクラシックカーのオークションや、そこから派生する投資などについて慎重に話す。クラシックカー市場の活性化と荒廃が表裏一体のものであることを認識しているからだ。

「クラシックカーは手に入れるまでにアレコレと考えるのも楽しいですが、お楽しみは手に入れてからも大きく広がっていきます。ただ磨いて、たまに走らせるだけでなく、さまざまなイベントに参加することで仲間もでき、喜びを共有することができるでしょう。情報をやり取りし、経験と知識も増えていきます。

ミュージアムを開設してからは、ラ・フェスタ・ミッレミリアに代表されるラリー、サーキットでの走行会やレース、そしてコンクール・デレガンスなどに積極的に参加するようにしてきました。販売するだけでなく、楽しみ方も提案して、場合によっては一緒に参加したりしました。売りっ放しではなく、買っていただいた後の楽しみ方を案内できるかどうかは、とても大切なことだと考えるようになり、その想いは今でも変わりません。変わらないどころか、どんどん深くなっています。

クラシックカーの楽しみは、人生をより豊かにしてくれるものだと私は信じています。私の仕事は、そのためのお手伝いだと考えているからです」

メーカーもクルマを楽しむ仕組みを展開中

自動車を販売するだけでなく、楽しむ機会も提供していくという傾向は、自動車メーカーにも現れ始めている。ポルシェが２０２１年10月に、千葉県に「ポルシェ・エクスペリエンスセンター東京」をオープンしたのは、その代表例だろう。最新のポルシェ各車で、助手席に乗ったインストラクターからアドバイスを受けながら、７種類のコースでドライビングスキルを磨いていくことができる。

ひとレッスンが90分間で４万９５００円（７１８ケイマンやカイエンなど）から10万４５００円（９１１ターボや９１１ＧＴ３など）と有償だ。高価なようにも思えるが、タイヤやブレーキ摩耗の心配もすることなく、新車のポルシェでフル加速とフルブレーキングも行うことができて、インストラクターからレッスンを受けられると考えれば、十分に妥当な金額ではないだろうか。

シミュレーターラボも備える他、専門業者によるレストランや会議室、オフィシャルグッズショップなども用意され、ドライビングレッスンだけでなく各種の団体でのミーティングや研修などの利用にも対応している。

同じ施設がすでにヨーロッパ、アメリカ、中国各地で運営され、日本での開設は9番目となる。

「ここで最新のポルシェを体験されて新車の購入を希望される人には、最寄りのディーラーを紹介させていただきますが、この施設の第一目的は販売促進ではありません。あくまでも体験のための施設として運営し、製品とブランド、そして〝感動〟の三つを体験していただくことにあります」（オペレーションマネージャーの関本清人氏）

施設の運営だけで経営を続けられることが前提となっているという。

さらに、２０２３年には同じ千葉県に、ロールスロイスやベントレー、フェラーリやランボルギーニなど超高級車を販売しているコーンズも「THE MAGARIGAWA CLUB」という会員制ドライビング施設をオープンすることを発表している。こちらはサーキット付きの超高級リゾートといった趣で、敷地内には分譲別荘の他、プール、スパ、ドッグランなども付帯している。

いずれにしても、自動車メーカーはクルマを製造し、販売するだけのビジネスではなくなりつつある。スポーツカーや超高級車など、趣味や嗜好品的な色合いの濃いクルマではなおさらだ。クラシックカー販売業も、販売の他の業態が展開されても不思議はない。実際、京都のアウトニーズという業者は観光地が近いことから、1960年代や70年代のシトロエンDSや2CVなどをレンタルしている。ワクイミュージアムが所蔵しているロールスロイスやベントレーなどを使って新しいビジネスを行っても早過ぎるということはないだろう。

第11章　ブリストルで初心に還《かえ》る

“経年美化”という歳月を映し出すレストアを目指す

２０２０年のある日、都内のワクイミュージアムのオフィスを訪れると、「面白いクルマが入ったので、ちょっと一緒に見に行きませんか?」と涌井に誘われた。

ベントレー・フライングスパーの助手席に乗り、それほど遠くない自動車修理工場に着いた。中に駐まっていたのは、ブリストル４０１。ブリストルは、航空機メーカーを前身とするイギリスの自動車メーカーで、第二次世界大戦後の１９４５年からスポーティで高品質なクルマを造り始めた。

そのブリストル４０１は個人輸入され、大阪で34年間、一人のオーナーのもとにあったものを涌井が買い取った。これから整備を施して、ナンバーを取得するという。

「４０６と併せて、これでブリストルが2台になりました」

ブリストル４０６は亡くなられた自動車評論家の川上完《たもつ》氏が所有していたもので、筆者も生前の川上氏に何度か乗せてもらったことがある。ご遺族から涌井が譲り受けたのも２０２０年のことだ。

ブリストル401（手前）と406のフロント部分

「川上さんの奥様とお話しして、譲り受けました」

涌井は、それまでブリストルに格別な興味や関心を抱いていたわけではなかった。406が主人を失い無聊《ぶりょう》を託《かこ》っているのを見過ごせなかったからだ。

どんなに素晴らしく、歴史的価値が高いクルマであっても、それを継承する人がいなければ埋もれてしまう、とは涌井がつねづね口にしている信念だ。そうでなかったら、現在のコレクションとプライベートミュージアムを作り上げることなどできなかっただろう。

406が1960年型で、401は19

53年型。BMW製6気筒エンジンを搭載している点は共通しているが、ボディスタイルは大違いだ。406は近代的な3ボックス型の2ドアセダンとも、あるいはクーペとも呼べるのに対して、401はそれより少し前のモードを纏っているが、独特な姿をしている。2ドアである点は同じだが、造形としての共通項はうかがえない。

縦型のキドニーグリルは戦前型のBMWと同じだが、低い位置にビルトインされたヘッドライトと上面が平らなフロントフェンダーの形状が独特だ。

真横から見ると、ドアハンドルが存在せずにプッシュボタン式であることと、窓ガラスとボディの段差の小ささに驚かされる。空気抵抗を少しでも減らそうとしているのだろう。

「どちらにも、航空機メーカーだったブリストルの思想が表現されていますね」

川上氏も航空機メーカーの造るクルマに魅せられ、406の他にサーブ96、スバル360、三菱ジープなども所有していた。

401の圧巻は後ろ姿だ。リアフェンダーから立ち上がった艶かしい曲面と曲線がリアウインドウを包み込み、屋根まで覆っている。反対に、屋根からバンパーまでを見下ろしてみると、滑らかな曲線と曲面がまるで何かの生物のように連続している。リアフェンダ

ブリストル406(左)とブリストル401。
401はリアの曲線具合いが美しい

ーは後ろに向かうにしたがって左右から強く絞り込まれ、屋根からの曲面と融合しバンパーにまでいたる。

走行中にボディ表面を伝う気流をいかに滑らかに流すかに腐心したことが造形からうかがえる。この時代に、ここまで空気力学を強く意識して造形されたクルマは珍しいのではないか。

「航空機メーカーならではのかたちですね」

他にも、内外装に独自の機構やアイデアなどがいくつもあって、それらを嬉々《きき》として一つずつ説明してくれる。

「ここは、こうなっているんですよ。スゴいでしょ!?」

「これは、どうなっているかわかりますか?」

隅から隅まで知り尽くしているロールスロイスやベントレーだと、こうはいかない。事務的にというか、とっくに知っていることといった様子で淡々と教えてくれるだけだ。ところが、４０１と４０６を前にした涌井の活き活きとした表情といったら!

クラシックカーを前にして、こんなにうれしそうな涌井を初めて見た。

「加須のメカニックたちに401を見せると、〝これはクルマの基準で造られていない〟って感心していました。つまり、発想が超越していて、自動車では見たこともない技術やパーツなどがふんだんに用いられているということです」

川上氏も同じことを言っていた。

「この2台にはもう少し手を入れる必要があるのですが、その整備には〝経年美化〟というコンセプトで臨むことにしているんですよ」

経年劣化の反対の意味で、涌井が考え出した言葉だ。

「新車のようにピカピカに戻すのではなく、そのクルマが過ごしてきた経歴を尊重して、オリジナル性を保ちつつも華美なレストアは行いません。歳月を物語るレストアを行おうと考えています」

とても新しい考え方で、意義深いと思う。誤解を恐れずに言ってしまえば、新車のようなピカピカに戻すレストアは、〝新車〟というあらかじめ決められた一つのゴールに向かうだけで、その過程を考えずに済むから簡単なことだ。だが、レストアが完成すると、クルマと前オーナーが過ごしてきた歳月がすべて拭い去られて何も残らない。

それに対して、涌井の提唱する経年美化コンセプトは、いつ頃の、どの状態に戻すかによって答えが一つではなくて無数に存在し、洞察力と想像力が求められる。その過程にこそ、クラシックカーをレストアする楽しみと醍醐味が詰まっているのではないだろうか。

経年美化、涌井らしい。

このクルマに込められた想いを想像する

オフィスに戻ってきても、ブリストルに関する話は続いた。購入したばかりだという大判の洋書のページを繰りながら、涌井はブリストルがいかに魅力的であるか熱く語ってくれた。その洋書を翻訳家に頼んで日本語にした文章を送ってもらっているのだという。

それにしても、何と濃い熱意なのだろう。業者として単に販売するならば、最短距離で仕入れて売って儲けて終わりだ。わざわざ洋書を翻訳させることなんかしない。だいいち、ブリストルなどという半ば忘れ去られかけている珍しいクルマを2台も手に入れるなんて、酔狂以外のなにものでもないではないか。

「戦争が終わってもう軍用機を造らなくなった時に、会社のオーナーだったジョージ・ホワイトは、エンジニアや従業員たちが平和な時代でも活躍できる場を用意するためにクルマを造り始めたようなのですね」

ブリストルを2台手に入れ、ブリストル探究に熱中していることを、涌井はハッキリと自覚している。

「私は惚れっぽい人間ですからね。夢中になってしまうんですよ」

このフレーズは以前にも聞いたことがある。三十数年前にロールスロイスとベントレーのクラシックカーに魅せられて販売とコレクションを始める前はオートバイに入れ込んで、乗るだけでなく最終的に50台もコレクションしてしまっていた。

オートバイに乗るようになったキッカケは蝶の採集だった。遠くの山奥まで取りに行くための移動手段として乗り始めたオートバイだったが、最後は本末転倒してコレクション対象となってしまった。蝶の前は切手収集で、小学生から集め始めていた。

ただ、ブリストルに夢中になっているとは言っても、これから海外から大々的にブリストルを集めてきて、売っていこうということではない。

「もちろん、ビジネスですから求められれば販売もするでしょう。しかし、ブリストルというクルマの魅力を一緒に探究しながら、クラシックカーをともに楽しんでいけたらいいと思うのです」

まだ加須に工場を開いていない頃は、都内のオフィスに顧客が集まってきてはロールスロイスとベントレーのクラシックカーについて談論風発、時間も忘れて語り合っていた。

「私もお客さんも、まだ知識も経験も不十分だったから、やはり同じように翻訳家の方に洋書を翻訳してもらって調べたり、私たちよりずっと以前に日本でロールスロイスやベントレーに乗っていた方々を訪ねていって教えを乞うたりしていました。私自身もコレクターでしたから、お客さんは仲間です。一緒にロールスロイスとベントレーを研究し、ツーリングに出かけたりして楽しむことが大きな喜びでした」

当時のワク井商会は販売店というよりは、クラシックカー好きのサロンであり、コミュニティを形成していた。オーナーズクラブも、そこから始まった。

「初心に還って、またあのような店を始めたいですね」

涌井は2015年に会社を手放し、経営から退いたが、ワクイミュージアムの館長は続けている。イベントには変わらず参加し、イベントのない日曜日はミュージアムで来館者を出迎え、歓談していることに変わりはない。

「私も77歳になり、無理の利かない身体になってしまいました。ブリストルという新しい研究対象を得ましたので、それを軸に仕事もやっていけたらと考えています。ただ〝昔はよかった〟と懐かしがるのではなく、新しいことをやりたい。ジョージ・ホワイトが飛行機造りの技術とプライドをクルマ造りに転換させたように、私も今まで学んだものを別のかたちにして、みなさんと分かち合えたら最高だと考えています」

そこで一つヒントになってくるのは、涌井が数年前から口にしている〝現在のクラシックカーをめぐる世界的な状況への懐疑〟だ。前述したように、クラシックカーの価格が全般的に高騰し、投機の対象とされてしまっている。

「オークション会社が相場を釣り上げ、自動車メーカーもブランド価値を上げるために過去のクルマを囲い込もうとしています。ビジネスなので正当な行為ですが、バランスが大切なのではないでしょうか。クラシックカーが、株や土地のように値上がりを前提に売買されることには大きな違和感を覚えます」

涌井はビジネスマンであると同時に、愛好家であり、コレクターであることを公言している。

「儲けなければビジネスは続けられませんが、カネを儲けるためにクラシックカーを扱っているのでしょうか？　違いますよね。儲けるだけだったら他の商売をやった方がいい。自分が何のためにロールスロイスとベントレーのクラシックカーを販売する仕事を続けてきたのか？」

涌井は、最近よくそのことを顧みるようになった。

「401と406はBMW製6気筒エンジンを積んでいて、1960年代に入ると、それが古くなったので、ブリストルはクライスラーの大きなV8を積むようになりました。そのV8を積んだクルマも素晴らしかったらしいのですが、やはりブリストルらしいのはジョージ・ホワイトの志が貫かれた時代のものでしょう。チャールズ・ロールスとヘンリー・ロイスやウォルター・オーウェン・ベントレーにしても、創業時の彼らの志がクルマを通じてうかがえることがクラシックカーの楽しみの大きなものだと私は考えています」

ブリストルの商標が外国企業に渡り、再スタートを切ったというニュースや経営破綻したというニュースなどを少し前に聞いたことがあるが、その後は聞かない。しかし、涌井の興味と関心はあくまでもＢＭＷ製６気筒を積んだ４０６までの各モデルにあり、当面の研究対象となる。

「ジョージ・ホワイトは従業員を守り、いたずらに生産台数を増やしませんでした。でも、モノがいいからよいお客さんが買ってくれた。高くても売れるから、たくさん造ることもしませんでした」

涌井は、ジョージ・ホワイトが率いていたブリストルと自分の最後の仕事をどこかで重ね合わせようとしているように見える。

「ホワイトの経営姿勢には惹かれますね」

ビジネスの題材としてクラシックカーを扱うのではなく、愛好と探究の喜びを仲間と共有していく。ブリストル４０１と４０６で涌井がどんな新しいことを展開していくのか注目し続けたい。

第12章　特別対談　涌井清春×金子浩久

ロールスロイスは一度も黒字になったことがない！

金子　涌井さんが現在のクラシックカービジネスを立ち上げる前から抱いていた疑問は、35年間やってこられて解決しましたか？

涌井　〝疑問〟って、何でしたっけ？

金子　ロールスロイスは、なぜ最高のクルマと呼ばれるのか？　そして、なぜクルマに関心がない人にも〝最高級品の代名詞〟としてロールスロイスの名前が知れ渡っているのか？ということです。

涌井　解決しましたよ。ロールスロイスを創設した二人のうちの一人、ヘンリー・ロイスはただただ理想のクルマを造り上げることを追い求めていたのです。余裕たっぷりの設計を行い、最高の素材を使って、１台ずつ入念に造り込んでいました。

ロールスロイスは１９０６年から本格的な自動車生産を始めましたが、当時はクルマの信頼性が低く、すぐに壊れたり、頻繁に整備を施さなければなりませんでした。ですから、まず、ロールスロイスは当時のクルマとしては〝壊れない、信頼性の高い〟クルマとして造られたのです。

金子　コストに糸目を付けず、ですか？

涌井　ええ。コストという概念すら、ロイスは持っていなかったのではないでしょうか。当然、価格は高額となりましたが、ロールスロイスを購入する人は超富裕層ですから、価格は関係ないのです。

金子　アメリカでT型フォードが1908年に生まれて爆発的に自動車が普及していく時代ですが、それでも2023年の現代とは比較にならないほど、クルマを所有できる人はまだまだ限られていました。ましてや、ロールスロイスを購入できる人というのは、さらに限られていたわけです。

涌井　それでも、すでにロールスロイスより前から超高級車を生産していたデイムラーやネイピア、ラゴンダなどのライバルがイギリスに存在していて、ロールスロイスと同じかそれ以上の高価格で販売されていました。中には、ロールスロイスよりも速かったり、豪華な内装を誇っていたクルマもありました。

金子　必ずしも、ロールスロイスが価格や性能などが一番だったわけではないのですね。

涌井　そうです。他のクルマと較べて、それを打ち負かそうという発想がロイスにはなかった。ロイスは、あくまでも自らの理想を追求したに過ぎません。

金子　ライバルとの比較やマーケットでの存在感などを気にすることなく、我が道を行っていたのですね。

涌井清春氏

涌井　そのことを象徴する、有名なロイスの言葉が残されています。一つが「正しく為《な》されしもの、ささやかなれどもすべて尊し」で、もう一つは「その価格は忘れられても、品質が残るものを」です。どちらも、ロールスロイスのクルマに正しく反映されていると思いますね。

金子　その二つのフレーズは、涌井さんがよく暗唱されるのを僕も聞いたことがあります。

涌井　35年前にこの仕事を始めた時から、僕も少しずつロールスロイスのことを学んでいったのだけれども、これらの言葉を知って、まさしく言葉通りにクルマが造られていると大いに驚き、そして感心させられることの連続でした。そこからでしたね、のめり込むようにして夢中になっていったのは。

つまり、ロイスの思想と哲学がロールスロイスのクルマには込められていて、それが単なる開発のスローガンやもちろん宣伝文句などではなくて、整備の時に下に潜ったりすると、表からは見えないパーツなんかでも、一つひとつがとても丁寧に造られていて、体現されていることがわかるんです。〝ロイスの言葉の通りに造られているのだなぁ〟と。

金子浩久氏

金子　そんなクルマ造りをしていたら、利益など出ませんよね？

涌井　ええ、ロールスロイスは一度も黒字になったことがありません。もう一人の〝R〟である貴族のチャールズ・ロールスが私財を注《つ》ぎ込み、やがて航空機エンジンを製造したりして会社は生き長らえるのですが、それでも1971年に倒産しますね。

金子　現代の経営セオリーからすると、利益の見込みの立たないうちに事業が始まるのが無謀と見られますし、コストダウンという考え方も見出《みいだ》せません。

涌井　ダウンどころか、コストという考え方自体もロイスの思考の中にはなかったとしか思えません。

金子　現代では自動車というのは世界的な巨大産業になったので、自動車メーカーは利益を上げながら存続し続けることが強く求められています。時代が違うとはいえ、ロイスの行いは企業活動ではなく、ロイスという稀有《けう》な技術者個人の信念の追求というか、執念のようなものに思えてしまいます。

涌井　企業が存続するためには利益を上げなければならないけれども、それより大事なものがあるということをロイスの言葉とクルマから教わりました。僕だけではなく、そこに心を打たれる人がいるから、ロールスロイスは最高のクルマであり、最高級品の代名詞として通じているのだと思います。モノだけ優れているのではなく、背後から思想や哲学がうかがえます。

金子　〝クルマであってクルマではない〟ようなものですね。

涌井　クラシックのロールスロイスは、今の価値観から定められる自動車とは少し違うかもしれませんね。〝こういう人たちが何百人いるだろうから、いくらぐらいで売り出せば、年間にこのぐらいの台数を売れるだろう〟というマーケティングによって企画されていません。まず優れた機械であることが求められ、売れる商品であることは二の次になります。

金子　それはもう〝機械的な芸術作品〟ですね。

涌井　芸術作品だとしたら、作家であるロイスは理想を追い求めるし、自分の思想や哲学、美意識などが吹き込まれます。クラシックのロールスロイスを運転して、時には整備したりして、ロイスという人物の想いに共感できることが仕事を続けてきた最大のモチベーションになっています。

ロールスロイスとベントレーはまったく違う！

金子　クルマに限ったことではありませんが、昔の工業製品に共通していますね。〝売って儲けよう〟ということよりも、〝こういうものが造れないか？〟とか〝こんなものがあったら、困っている人の助けになるのでは？〟〝今までになかったから造り出したい〟という、ソロバン勘定よりも造りたいという想いが貫かれて製品となっているものが多い。のちに、それが企業化されたり、投資を受けて生産規模を拡大したりする。そうして成功するものもあれば、志半ばで消えてしまうものもありました。

涌井　僕は、クラシックカーの前はオートバイを集めていたので、その指摘はよくわかります。時代のせいなのか、技術が発展した末のことなのかわかりませんが、モノが〝売って儲ける〟という視点からだけで語られてしまうのは、寂しいですね。

金子　寂しいです。クラシックカーは自動車黎明《れいめい》期からだんだんと発達していった時代の産物ですから、生み出した人の個性が直接に滲《にじ》み出ています。涌井さんのもう一つの関心の的であるベントレーというクルマはウォルター・オーウェン・ベントレーという男が造り出しました。ベントレーは1931年にロールスロイスによって買収され、ほぼ同じクルマを造っていた期間が70年近くも続いていました。1998年に分かれ、現在に続いていますが、ベントレーのクラシックはロールスロイスと違いますか？

涌井　まったくの別物です。運転すると、ロールスロイスとは別の種類の高級車だということがわかります。ベントレーを表現する言葉はいろいろとありますが、「サイレントスポーツカー」というのが一番ピッタリ来るのではないでしょうか。

金子　静かなスポーツカーですか!?

涌井　大排気量エンジンを大きなボディに載せて、ドライバーの操作にビビッドに反応します。ロールスロイスはエンジン音もわからないくらい静かですが、ベントレーは勇ましい排気音を出します。ハンドルやシートから伝わってくる鼓動もダイレクトです。ロールスロイスからは、ホンのわずかしか伝わってきません。ですから、乗せられるのならばロールスロイスが静かで安楽ですが、自分で運転して楽しみたいのならば、断然、ベントレーをお薦めします。それでも、小排気量の他のスポーツカーなどよりはエンジン排気音は小さいので、ベントレーはサイレントスポーツカーと呼ばれています。

金子　よく「ロールスロイスは〝後席に乗せてもらう〟クルマで、ベントレーは〝自分で運転する〟クルマだ」と言われていましたけれども、クラシックの頃にはその通りだったのですね?

涌井　ええ。もちろん、現代の僕らがクラシックカーとしてロールスロイスを楽しむなら運転した方が面白いですが、現役で使われていた頃はロールスロイスを運転するのはショーファー、つまり運転手で、オーナーは後席に座るものでした。それに対して、ベントレーはスポーツカーなので、お金持ちのオーナーが休日に自分でハンドルを握って運転を楽しむものでした。

金子　ベントレーは戦前のル・マン24時間レースに5回も優勝していますしね。

涌井　職業や〝身分〟の違いが、現代ほどに流動的でなかったという違いも関係しているでしょう。特にイギリスは階級社会と言われていた時代が長く続いたので、超高級車も富裕層にだけ付随しているものでした。

金子　クラシックカーは、時代や社会背景、国や地域の特質などを如実に反映しています。それらと照らし合わせるようにしてクルマを愛でるのは、クラシックカーにしかできません。それもまた、クラシックカーならではの楽しみ方の一つですね。

涌井　そんなに難しいことを考えなくても、楽しめますよ（笑）。僕などは、ロールスロイスやベントレーを停めて、何時間でも眺めていられます。

金子　コーチビルドボディはクラシックカーの魅力の一つですが、オーダーメイドや誂えることの喜びの大きさを教わります。僕は初めて自分のスーツをオーダーした時のことが忘れられません。既製品を買うのではないから、ぜんぶ自分で決めていかなければならない。「シングルかダブルか？　ツーピースかスリーピースか？　生地は？　裏地は？　ボタンは？　ゆったり目かピッタリか？」などと仕立屋から矢継ぎ早に質問が飛んできます。

スーツに関する知識も経験もなかったから、的確には答えられませんでした。仕立屋が助け舟を出してくれたので注文票は埋まって、スーツは完成したのですが、身体にピタリとフィットした着心地に感激しました。要領がつかめたので、2着目を作る時には、それまでに自分の好みや考えなどをまとめておいてから注文できたので、大いに満足できました。それからは、世の中のトレンドのようなものは気にならなくなりましたし、誂えた自覚は大きな満足感に直結しているので、修理したり、サイズを直したりして今でも着続けています。

「買う」のではなく「誂える」ことで、まったく違った関係性というか距離感が得られました。

涌井　ウチの「ビスポーク・プロジェクト」は、まさに〝世界に1台だけのシルバーシャドウ〟を誂えることを楽しんでもらう企画です。ですから、ウチの技術陣も「それはできません」とは口にせず、お客さんの要望に完璧に応えられるよう取り組んでいます。

金子　ビスポークに正解はないんですね。言い換えれば、すべて正解だし、どう誂えたって正解。

でも、現代社会は課題に対して必ず〝正解らしきもの〟が求められていて、その正解に少しでも早く到達することが前提になっているから、すべてが正解だと言われても何となく不安になってしまいます。他人が決めた正解ではなく、自分が満足できればよいというのは、なかなか難しいんですよね。

涌井　シルバーシャドウを新車時の姿に戻して乗ってもよいし、新車の時には存在していなかったカーナビやネット接続などを組み込んでも面白い。とかく、クラシックカーの趣味の世界では〝オリジナル至上主義〟が幅を利かせていますが、オリジナルを超えるものを大胆に造り上げてしまったら満足感はとても大きいと思います。オリジナル原理主義者たちは眉を顰《ひそ》めるかもしれませんが、自分が満足すればそれでいいじゃないですか。

ウチはまだ手がけていませんが、イギリスではロールスロイスやベントレーなどのクラシックカーをEV（電気自動車）に造り替える業者も現れています。

金子　ロールスロイスやベントレーばかりではなく、欧米ではあらゆるクラシックカーをEV化する動きが盛んになってきていますね。EV化する時に、注文主の好みや意向を反映させることができますから、新しい傾向です。

日本では、これまでユーザーは用意された新車を買うだけで、売る側から買う側へクルマが一方通行で流れていくだけでした。大量生産された既製品を選んで買うことでしか、クルマとの関係性を築けませんでした。ワクイミュージアムのビスポークやクラシックカーのEV化などは、注文主の好みを反映させることができるので、一人ひとりの意思が反映されるということです。

現在、日本に輸入されているクルマも、実は生産国であるヨーロッパやアメリカでは細かく仕様を選べたり、オプション装備も一つずつ取捨選択できたりします。高級車でなくても、デジタルとインターネットによって細かな注文が簡単にできるようになりました。日本では、効率や在庫管理など主に売る側の理由から、細かく選べません。高級車になると選択肢が膨大になりますから、「○○パック」とか「○○パッケージ」と称して、仕様や装備などをまとめてしまっています。

涌井　じっくり選ばせるのではなく、販売に要する時間を短縮させたいということですか？

金子　その通りです。販売会社が効率という名のもとに時間をかけたがらないのです。薄利多売で、とにかく台数を多く売ることが第一目標になってしまって、顧客の満足感やセールスマンの達成感などは顧みられていません。

じっくりと選んでもらい、納得のいく仕様や装備の1台を買ってもらう方が、多少は時間と手間がかかるかもしれませんが、最終的な納得感は高まるし、ブランドへの信頼も高められると思うのです。特に、高価なクルマや趣味性の高いスポーツタイプのクルマなどは、じっくりと選んでもらった方が効果は高いと思います。要は、台数をたくさん売る軽自動車やコンパクトカー、ミニバンなどと、高価格のSUVやセダン、スポーツカーなどが同じ売り方になってしまっている。時間をかけて選ばせて、たとえ納車まで時間もかかったとしても、それを喜びや価値と感じてもらえるような売り方もできないといけないのではないでしょうか？

戦前のクルマのコーチビルドボディやワクイミュージアムの「ビスポーク・プロジェクト」などについて涌井さんからうかがっていると、現代の忙しなく、売る側の意向ばかりが反映されたクルマの販売のあり方の強烈なアンチテーゼとして聞こえてきてしまいます。否《いや》が応《おう》でも、これからはクルマの販売現場で顔が見えない関係性は増えていくでしょうから、涌井さんのように顧客と濃密なコミュニケーションを取りながら関係性を深めていく販売方法はますます異彩を放ち、価値を増していくでしょう。

商売は金儲けが第一なのではなく、クルマというモノを媒介にした気持ちのやり取り、人と人のつながりの場なのだということを〝涌井流〟は如実に物語っています。

涌井　ボルボの新しいＥＶなどはスマートフォンからクルマを買えるっていうじゃないですか？

金子　ええ、Ｃ40ですね。他のインポーターやメーカーでもインターネットから買えるようにしていますね。でも、クルマは車検や整備を伴うので、インターネットはファーストコンタクトに用いられるだけで、これまでのようにディーラーに代金を支払い、車検や整備はそこに出すことになるのは変わらないのです。

涌井　そうでしたか。昔は、クルマを買うにはディーラーのショールームに出向いてカタログをもらうところから始まったものですけれども、今は、ホームページにカタログそのものが掲載されているし、動画で走る姿や操作方法も見ることができますから、ショールームを訪れる人が減るのも道理ですね。

金子　ボルボなどとは対照的に、遅れたディーラーもまだあります。世の中や他の業種がどんどんと進化していっているのに、古く無意味な商慣習を続けていることに無自覚で無頓着なディーラーがまだあります。

涌井　僕のところも、売っているものは昔のものだけれども、売り方や発信の方法などはアップデイトしていく必要を強く感じていますよ。

金子　楽しむためのクルマと生活必需品や仕事道具としてのクルマは、売られ方もおのずと変わってきますね。売り方も、大きく二極分化していくのだと思います。

涌井　トヨタが盛んに宣伝している「ＫＩＮＴＯ」のようなサブスク利用者も必ず増えていくと思います。

金子　同感です。クルマは特別なものではなくなったから、カーシェアやレンタカー利用者は増えています。サブスクも増えていくと思います。

涌井　だからその反対に、楽しみのためのクルマを大枚はたいて買う人や、休日に磨いたり、イジッたりする人も増えるでしょうね。

継承のためには、人間も育成しなければならない

金子　もう一つ質問があります。涌井さんが仕事を始めた頃にアメリカやイギリスに行くと、「日本人には売りたくない。クルマがどうされてしまうかわからないから」と、よく拒まれていたと聞きました。それは今でも変わりませんか？

涌井　今はそんなことありませんよ。変わりました。

金子　いつ頃、変わりましたか？

涌井　15年ぐらい経ってからでしょうかね。海外の取り引き先との信頼関係も醸成できたし、彼らからの紹介でコレクターや他の業者を訪ねても、「日本人には売らない」とは言われなくなりました。

金子　欧米の業者やコレクターたちから拒否された際、涌井さんは「日本にはクラシックカーの文化が存在していないからだ」と解釈されていました。言われなくなったということは、日本にクラシックカー文化が成立したと考えてよいのでしょうか？

涌井　よいと思います。他の業者さんのことは知りませんが、少なくともウチの会社や僕が言われることは一切なくなりました。それどころか、ウチがアメリカのコレクターに売ったロールスロイスが、フロリダのコンクール・デレガンスで賞を獲得したりするようになったし、2019年と2021年にはペブルビーチのコンクール・デレガンスにそれぞれ、ワクイミュージアムのベントレーとロールスロイスが招待されたりもしました。

口幅ったいですが、ようやく日本にもクラシックカーを大切にする自動車文化が生まれて、欧米の業者やコレクターたちから一目置かれるようになった結果だと考えています。社交辞令かもしれないけれども、「日本のロールスロイスやベントレーに関することでわからないことがあったら涌井に聞け」って言われるようにもなったみたいですしね。

金子　それは正当な評価なのでは？

涌井　そうだったとしたらありがたいことで、それはお客さんをはじめとした多くの人々

の支援と協力があったおかげですよ。
金子　これからの課題は何ですか？
涌井　すでに始めているのですが、埋もれたクルマの掘り起こしと継承の橋渡しですね。僕は35年間で約600台のクラシックカーを販売してきました。その中には、何度も売り買いしたクルマもあれば、売ったお客さんと連絡が取れなくなったり、他にも姿を見せなくなったりしたものが少なくないのです。それらを探して、次の持ち主に橋渡しすることをお手伝いしています。ここにあるインヴィクタ（上写真）もそうです。
金子　戦前に日本に来た有名なクルマですね。
涌井　1930年代の多摩川スピードウェイのレースに出ているんです。

金子　丁稚《でっち》奉公していた頃の本田宗一郎が、奉公先のカーチス号で出ていたレースですね。

涌井　そうです。岐阜の銀行家の御曹司がイギリスに行って買って来たクルマです。東京の白金《しろかね》にお屋敷を建てて、そこにこのクルマを置いていたんです。戦後に、このクルマはアメリカに渡ります。その後、再び日本に帰って来たと思ったら、今度はドイツに行ってしまった。

そうしたら、5年ぐらい前にドイツのコレクターから僕のところに連絡があって、「このクルマは日本にあるべきクルマだから買わないか？」と言ってきました。このクルマのことは、生前の小林彰太郎さんからも聞いて知っていました。僕は買うべきだと考え、お客さんの一人に話したら、その方がご自分のメカニックを連れてドイツまで試乗に行って、間違いないクルマだということがわかった。それで、僕から買ってくれて、日本に持ってきて、ラ・フェスタ・ミッレミリアに出て優勝しました。

岐阜に里帰りドライブもして、「涌井さん、誰か次のオーナーさんに引き継いでもらってください」ということになり、次の持ち主が決まるまで、ウチで預かっているんです。

金子　ドイツまで試乗に行かれたという、そのオーナーさんの見識が立派ですね。

涌井　ええ。ドイツのコレクターから指名されたことも光栄でしたし、お客さんにも感謝しています。

金子　大きな物語がこのインヴィクタには宿っていて、時空を超えた壮大なロマンを作り上げている。聞いているだけで、ワクワクしてきました。

涌井　ウチも、このクルマを常連だけに伝えてサッと売るのではなくて、〝こんなスゴいクルマが日本にはあるのですよ〟と発信しながら、次の持ち主を探していきます。イベントなどにも積極的に参加して、発信していきます。クルマにふさわしい次の持ち主に引き継ぐのが、一時預かり人の義務でもあると考えていますので。

金子　売りっ放しにするのではなく、次のオーナー、その次のオーナーへの橋渡しをして、クルマを循環させているのですね。最近では〝循環型社会〟や〝持続可能経済〟ということが言われていますけれども、言ってみれば涌井さんは最初からそれをやってきたわけですね。

涌井　意識してやってきたわけではないですよ。

金子　クラシックカー一時預かり人の見識というか覚悟のようなものというのは、最初から持っていたのですか？

涌井　いいえ、いいえ。正反対でした。若い頃にオートバイを集めている頃から、この仕事を始めた頃までは、念願のクルマが手に入るとコッソリ仕舞い込んで一人でニヤニヤしているタイプでしたよ。

金子　全然違うじゃないですか！

涌井　ハハハハハハッ、正反対でしたね。

金子　なぜ変わったのですか？

涌井　コッソリ一人でニヤニヤしているとクルマが集まらないのですよ。発信しないから仲間もできない。仲間ができなければ情報も集まらない。〝クラシックカーは欲しいと願い続けていると、いつかは手に入る〟とお話ししたことの真意は、発信し続けるということなのです。

クラシックカーも美術品と変わらない機械遺産、産業遺産と考えれば、たしかに、あの頃の日本にはクラシックカー文化は、まだ存在していなかったんですよ。結局〝コッソリ一人でニヤニヤ〟タイプは、ずっと一人で抱え込みたいということですから、一時預かり人という発想とは正反対のものでしたね。35年間続けてきた僕なりに〝商売は人で成り立っている〟という確信を得ることができました。お客さんがいて、ウチのスタッフやメカニックがいて、僕がいる。それぞれに役割があって、個性もある。どんな好みを持っていて、どんな乗り方を望んだお客さんなのか把握していなければならない。

もちろん、お客さんが増えて、売り上げが向上するに越したことはないのだけれども、それにはあくまでも〝結果として〟という但し書きが付きます。僕がいくら「素晴らしいクルマですよ、買った方がいいですよ」と売り込んだって、クラシックカーというものは売れるものではありませんから。

金子　その点で一つ付け加えさせてもらうと、クラシックカーを継承していくためには、それに携わる人間も育成していく必要がありますね。文化というのはモノだけで成り立つのではなく、支える人間も必要です。メカニックを育成するのと並行して、新規の顧客に買ってもらって代替わりを促進し、一緒にこれからのクラシックカー文化を担ってもらわなければなりません。

涌井　クラシックカーのコンディションが1台ずつ違っているように、お客さんも一人ひとりみんな違っているから、〝このクルマをあの人に薦めたら喜んでくれるだろうな〟とマッチングを考えるのが僕の仕事であり、喜びでもあるのです。そのために日頃から欠かせないのはコミュニケーションですね。

金子　買ってくれるなら誰にでも売るのではなくて、その前に〝このクルマはAさんにピッタリだ〟とか〝Bさんに薦めたら気に入ってくれるかもしれない〟って、興味を持ってくれそうな顧客の顔を一人ひとり思い浮かべているって言っていましたもんね。

涌井　そうですね。売る相手を漠然と考えていたら、この商売は続けられませんね。

金子　よく、企業は決まり文句のように〝お客さまの立場に立って〟って言いますけれども、涌井さんは言われなくても最初から立っている。顧客と同じクラシックカー愛好家であり、コレクターですもんね。一方通行で売るだけ、修理するだけでなく、涌井さん自身も愛好家でありコレクターだから顧客とクラシックカーの楽しみや喜びを共有できていたのだと思います。

涌井　商売を始めた頃は、僕もお客さんも知らないことやわからないことが少なくなかったから、手分けして調べたりしていました。週末になると、自然とお客さんがこのオフィスに集まって、みんなで一緒になって楽しんでいました。商売を続けるためには収益を挙げなければならないけれども、儲けることばかり考えていたら続けられなかったでしょう。

金子　発信し続け、溜《た》め込まずに時には手放す。掘り起こし、橋渡しをする。コレクターとしての涌井さんの信念は、そのままミュージアム館長としてのそれと表裏一体を成していますね。

涌井　ええ。僕はクラシックカーのコレクターであり、ミュージアム館長であり、経営者でありました。経営に関しては2代目に少しずつ任せ始めていますが、三者は分けられるものではなくて、どれもが自分であり続けています。これからも、クラシックカー一時預かり人として歩んでいきますので、よろしくお願いいたします。

おわりに

遠くない将来に、クルマは二つのグループに分かれると筆者は見立てている。圧倒的大多数の「99・9%のクルマ」と、ごく少数の「0・1%のクルマ」に分かれて、両者の役割と意味が完全に異なり、それぞれは重なり合うことはない。

99・9%のクルマは、自動化や電動化、インターネットへの常時接続など、これまで存在していなかった最新技術が盛り込まれた〝新時代の移動体〟となる。事故を起こさず、ドライバーの身心の負担だけでなく、社会への負担も最小化していくことができる。

自動化において効能が大きいのが、すでに多くのクルマに装着され始めているACC（アダプティブクルーズコントロール）やLKAS（レーンキープアシストシステム）などの運転支援機能だ。これらは、今まではドライバーがすべて行っていた運転操作の一部を肩代わりすることによって、ドライバーの目と脳、右足の疲労を大幅に軽減できる。

筆者は数年前にシトロエン・C5エアクロスを運転して、東京から宮城県の気仙沼《けせんぬま》を日帰りで往復したことがある。東北自動車道の走行では、往復ともACCとLKASをオンにして走ったので、帰宅後の疲労がハッキリと少なかった。往路は何か所かの渋滞を抜ける時に、復路は夜間の連続走行でACCとLKASが有効に働いてくれたおかげで、目と脳と右足を働かせる仕事量が何割か少なくて済んだからだ。

運転支援機能は疲労軽減だけでなく、同時に、安全性の向上にも貢献している。運転中の不注意などによって起こしていたかもしれない事故を未然に防いでくれたりもする。電動化については、カーボンニュートラル実現だけが取り沙汰されることが多い。たしかに、クルマをEV（電気自動車）化すればCO2排出量はゼロになる。しかし、EVに乗ってみるとわかるが、音もなく、力強く、滑らかに加速していくこと自体が大きな価値と魅力になっている。だから、カーボンニュートラルの実現はあくまでも副次的な効果ではないだろうか。

鉄道が電化され、蒸気機関車の煤煙《ばいえん》と騒音、面倒な手入れなどから解放されたことによって、鉄道がさらに普及し、より多くの人々が鉄道の便益を受け、社会も発展した。同じようなことが、クルマにも当てはまるのではないか。充電設備を自宅や職場などに確保していれば、ガソリンスタンドまで出かける必要がなくなる。

「ＥＶがＣＯ２排出ゼロと言ったところで、日本では火力発電による発電量が減っていないのだからナンセンスだ」というＥＶ懐疑論があるが、それはＥＶの問題ではない。火力であろうが原子力であろうが、巨大な発電所で作られた電気を大規模に送電するという古い発想と技術による発送電のあり方を変える必要がある。

家庭や職場、公共施設などに設置した太陽光パネルによって発電された電気を使ったり、さまざまな再生可能エネルギーを活用したりすることができて、エネルギーの地産地消が進めば、ＥＶは一気に普及するはずだ。ノルウェーをはじめとする北欧諸国がよい例となっている。

進化を続けていけば、99・9％のクルマは自然環境や公教育、医療などといった社会を構成する「公共財」に近いものと位置付けられていくのではないか。クルマは誰もが等しく利用できるものとして、これまで以上に活用されていくものとなるはずだ。

「公共財」は、日用品や生活必需品を意味する「コモディティ」と言い換えることもできる。最近の自動車メーカーはマーケティングや宣伝のために、「コモディティなどではなく、クルマは特別だ。運転して楽しいクルマを造る」と言うが、99・9%のクルマは楽しくなくて構わない。新技術を十分に活用した〝優れたコモディティ〟が造られるべきなのだ。〝楽しい〟は0・1%のクルマで実現してもらえばよい。

0・1%のクルマというのは、スポーツカーやクラシックカーなどの楽しみのためのクルマだ。クルマ好きが喜ぶようなクルマだ。それらのクルマは、これまで以上に珍重されていくだろう。ドライバー自らが運転することも特別な行為になるから、それを面倒と考えなければ、運転の楽しみと喜びにあふれた愛玩の対象となる。

1991年から始まったAT限定免許が普及するほど、MTを搭載した古いクルマはさらに珍重されているではないか。世の中の99・9%のクルマは公共財として社会と人々のために役割を果たしていく。そして、これまでクルマ好きを魅了し続けてきたような0・1%のクルマだけが、趣味や愛玩の対象となって珍重されていく。クラシックカーなど、その最たるものだろう。

これからのクルマと人間、社会との間には、「99・9と0・1」という構図が描けるのではないだろうか。たとえてみれば、〝0・1％のクルマは馬〟である。今から135年前にクルマというものが発明される以前には、みんな馬に乗っていた。個人の移動手段の99・9％が馬だった。

やがて社会が近代化し、クルマというものが発明された時から、馬に乗って移動していた人間はクルマに乗り換えていった。馬が多数だったうちは、クルマもまだ嫌われていた。イギリスでは、1865年に赤旗法などという法律まで制定されて、新参者のクルマ（まだガソリン自動車ではなく蒸気自動車の時代）を規制しようとした（ちなみに、ロールスロイスの創業者の一人であるチャールズ・ロールスは反対論者で赤旗法撤廃運動を実践していた）。

それでも、はじめは馬にも乗れて、クルマも運転できる人がいたのだろうけれども、クルマの便利さや近代化、工業化する社会にフィットし始めていく勢いの方が優っていって、馬に乗る人は少しずつ減っていき、0・1％となった。2023年現在、自分のまわりに馬に乗れる人が、はたして何人いるだろうか？　農家ですら、作業にもう使っていないだろう。馬術という高級なスポーツを行う人ぐらいしか馬には乗れないし、乗る必要もない。ましてや、個人で馬を所有できる人はごく限られている。

現代の日本の路上に馬が現れることはまずないが、「私は馬に乗って走れる」と言ったら、もっと驚かれるだろう。同じように、99・9%のクルマと0・1%のクルマが二極分化した時には、「クルマを運転することができる」と発したら、同じように驚かれるに違いない。いずれ、0・1%のクルマは存在として馬のようなものになるのではないか。そして、その代表格はクラシックカーである、と。

そんな見立てを行うようになった時に、涌井と出会い、議論を重ねていった。

「クラシックカーは愛好家だけのものではなく、後世に継承するために維持、保存されなければならない」

「自分は、クラシックカーの一時預かり人である」

「クラシックカーは20世紀の文明が生み出した機械遺産、産業遺産である」

そうした涌井のクラシックカーに対する想いに耳を傾けるうちに、見立ては補われていった。クラシックカーは、高度に進化した99・9%のクルマからかけ離れていればいるほど、その存在は輝きを増していっている。クルマは産業を興し、富を築き上げ、人々の新しい行動様式を生み出し、文化と芸術にも多大な影響を及ぼした。

20世紀を魅了し、時代を作り上げてきたクルマという物語にはピリオドが打たれつつあるが、0・1％のクルマとして存在し続けていくクラシックカーは、現代の機械神話、産業神話として語り継がれていくだろう。

涌井は、2021年に自らのオフィス内に「ブリストル研究所」を設立した。第11章に記したように、ブリストル401と406を入手し、ロールスロイスとベントレーに加えた対象として研究を始めたのだ。毎週日曜日のワクイミュージアムの開館日にも乗っていき、顧客や見学者に披露している。

「涌井館長がそんなに夢中になるクルマなら、私も乗ってみたい」

興味を示す人が次々と現れ、提携したイギリスのブリストル販売業者に何台分もの発注を行った。併せて、日本語で記された書籍がないことから、ブリストル研究所は自費出版本『Bristol Institute』まで独自に編集し発刊した。2022年が明けて、東京で開催されたクラシックカーのミーティングに涌井は401で参加し、ますますブリストルに熱中している姿を示していた。

本来のロールスロイスにも新展開があった。2021年8月には、アメリカのペブルビーチ・コンクール・デレガンスに、ミュージアムが所蔵する1930年型ロールスロイス・ファンタムⅡコンチネンタル・ドロップヘッドクーペ by カールトンが招待された。2019年には、1921年型ベントレー3リッター by ゲイルンが招待されていたから、二度目の快挙だ。ただ、コロナ感染と帰国後の隔離を憂慮して、涌井も妻も渡米せずクルマだけ送った。

2022年は、ミュージアムにいくつかのリフレッシュ策を講じていたようだ。

「引退するつもりだったから経営から退いたのに、この調子ではいつまで経っても引退なんてできませんね」

ボヤく涌井だが、ブリストルという新しい研究対象も加わって、より精力的に活動している。経営についてはしかるべき人物が新たな舵取《かじと》りを行うことになり、すでに準備も始まっている。

涌井にとっての〝経営〟は仲間と集いながらクラシックカーを楽しみ、その素晴らしさを世間に広めることが第一で、いわゆる〝カネ勘定〟のようなことは二の次、三の次となるのではないだろうか。だとすれば、経営を退くことなど意識せずに、これまで35年間行ってきたことをアップデイトしながら続けていくだけだ。仲間たちはみんなそれを期待しているし、誰もそれを疑わない。クラシックカー一時預かり人の矜持《きょうじ》を示しながら、さらに活動を発展させてもらいたい。

本書は、ワクイミュージアムのホームページ（https://www.wakuimuseum.com/）内の「涌井清春ヒストリー」を大幅に加筆・修正したものである。

写真提供／ワクイミュージアム
対談写真撮影／五十嵐和博

涌井清春（わくい　きよはる）
一九四六年東京都生まれ。八〇年代末にロールスロイスとベントレーに特化したクラシックカーの輸入販売を始め、それらが動態保存された私設ミュージアムも設立。〝クルマ遺産預かり人〟を自任し幅広く活動中。

金子浩久（かねこ　ひろひさ）
一九六一年東京都生まれ。自動車評論家。主な著書に『10年10万キロストーリー』『ユーラシア横断1万5000キロ』などがある。

クラシックカー屋《や》一《いち》代《だい》記《き》

集英社新書一一五八B

二〇二三年三月二二日　第一刷発行

著者……涌《わ》井《くい》清《きよ》春《はる》　構成……金《かね》子《こ》浩《ひろ》久《ひさ》

発行者……樋口尚也

発行所……株式会社集英社
東京都千代田区一ツ橋二-五-一〇　郵便番号一〇一-八〇五〇
電話　〇三-三二三〇-六三九一（編集部）
〇三-三二三〇-六〇八〇（読者係）
〇三-三二三〇-六三九三（販売部）書店専用

装幀……原　研哉

印刷所……凸版印刷株式会社

製本所……ナショナル製本協同組合

定価はカバーに表示してあります。

 ISBN 978-4-08-721258-7 C0234　Printed in Japan

a pilot of wisdom

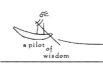

集英社新書　好評既刊

西山太吉 最後の告白

西山太吉／佐高 信　1145-A

政府の機密資料「沖縄返還密約文書」をスクープした著者が、自民党の黄金時代と今の劣化の要因を語る。

武器としての国際人権 日本の貧困・報道・差別

藤田早苗　1146-B

国際的な人権基準から見ると守られていない日本の人権。それにより生じる諸問題を、実例を挙げひもとく。

「鬱屈」の時代をよむ

今野真二　1147-F

現代を生きる上で生じる不安感の正体を、一〇〇年前の文学、辞書、雑誌、詩などの言語空間から発見する。

未来倫理

戸谷洋志　1148-C

現在世代は未来世代に対しての倫理的な責任をどのように考え、実践するべきか。倫理学の各理論から考察。

ゲームが教える世界の論点

藤田直哉　1149-F

社会問題の解決策を示すようになったゲーム。大人気作品の読解から、理想的な社会のあり方を提示する。

日本酒外交 酒サムライ外交官、世界を行く

門司健次郎　1150-A

外交官だった著者は赴任先の国で、日本酒を外交の場に取り入れる。そこで見出した大きな可能性とは。

シャンソンと日本人

生明俊雄　1151-F

シャンソンの百年にわたる歴史と変遷、躍動するアーティストたちの逸話を通して日本人の音楽観に迫る。

小山田圭吾の「いじめ」はいかにつくられたか 現代の災い「インフォデミック」を考える

片岡大右　1152-B

小山田圭吾の「いじめ」事件を通して、今の情報流通様式が招く深刻な「インフォデミック」を考察する。

日本の電機産業はなぜ凋落したのか 体験的考察から見えた五つの大罪

桂 幹　1153-A

世界一の強さを誇った日本の電機産業の凋落の原因を、最盛期と凋落期を現場で見てきた著者が解き明かす。

永遠の映画大国 イタリア名画120年史

古賀 太　1154-F

日本でも絶大な人気を誇るイタリア映画の歴史や文化を通覧することで、豊かな文化的土壌を明らかにする。